# 人と森の物語

池内紀
Ikeuchi Osamu

a pilot of wisdom

# 目次

写真／一、二、三、十一、十二、十四の各章、池内郁。ほかは池内紀
地図デザイン／タナカデザイン

# はじめに　緑の日本地図

白い日本地図に色エンピツで緑のしるしをつけていく。川のほとりに小さな点、旧城下町として知られたところ、北海道の工業都市、山国のあちらこちら、東京のどまん中にも一つ。白地に緑のしるしがちらばってきた。おりおり腰をあげて、訪れたところだ。自分では「ひそかな聖地巡礼」と称している。

はじめて手にした日本地図には、広大な緑がひろがっていた。小学校の五年だったと思うが、社会科の副教材に『日本地図帳』というのをもらった。ひとめ見て気に入って、休み時間にも飽きずながめていた。

そこにはヘンな形をした島国が緑と茶色で色分けされていた。海に近いところはどこも緑で、海からはなれるにつれて茶色に変わっていく。「北アルプス」などとしるされている中央部は茶色が急速に濃くなって、焦げ茶色になっていた。

幼い頭に人のいる町は緑で、山にかかると茶色になると思いこんだ。焦げ茶色のところには、まさに焦げ茶色をした岩山が空高くそびえている――。

数年もしないうちに気がついた。社会科の副教材はウソつきである。海沿いの町に緑など、ほとんどないのだった。家やビルや工場ばかり。たまに公園の緑があっても、あきれるほどお粗末で、わびしげである。地図をつくった人は、どんな理由から一面の緑に塗りつけたのだろう？

反対に山々は緑ばかりだ。地図上の緑が薄茶に変わる辺りからはじまって緑が重なり合ってくる。焦げ茶色のところはたしかに岩山かもしれないが、それは雲に隠されて見えない先端にかぎられる。

地図の緑の部分には「関東平野」「加賀平野」「越後平野」などと名がついていた。いっせいに田植えがされると、たしかに見渡すかぎり緑一色になる。しかし、それはほんのいっときのことであって、やがて稲は黄ばんで刈りとられる。あとには黒々とした田がつづく。平野だからと言って緑であるわけはない。この点でもウソつき地図帳というものである。

とはいえ『日本地図帳』といった副教材がつくられたそもそものはじまりのころ、さらにそれが『大日本帝国地図帳』などと称していたころも、きっとそこには緑がふんだんに見られただろう。私自身、瀬戸内海の海辺に近い旧城下町で育ったが、目の底にさまざまな緑の風景をとどめている。その点で言うと『地図帳』は、必ずしもウソつきではなかったのである。

旧城下町には、東西の護衛役のように二つの川が流れていた。河口近くに漁師町があって、友だちがいた。「キスイ」に遊びにいくと言うと友だちの母親から、満ち潮は「足が速い」から用心するように注意を受けた。ずっとのちに「キスイ」が「汽水」と書くことを知った。淡水と海水がまじわるところであって、そう言うとすぐさま松江の宍道《しんじ》湖や静岡の浜名湖が例としてあげられるが、川が海に流れこむ辺りはすべて汽水域である。日本には川の数ほど汽水域があるわけだ。

林を抜けると河口に出る。淡水と海水がまじり合うと特有の匂いがするもので、雨のあとはこころもち匂いがうすれる。少年の鼻は真水と塩水のまじりぐあいを敏感に嗅《か》ぎとっていた。

磯の小石をひっくり返すと小さなアワビがくっついていた。友だちは海のウナギを手づかみにした。川のウナギとちがい海のウナギは太く力が強いのだ。手にグルグル巻きつかれ、おもわず悲鳴をあげて笑われた。

河口の両側には木がモコモコ繁っていた。西かたを西山、東かたを東山といった。昔からの雑木林で、西山の出っぱった岩の上に祠《ほこら》が祀《まつ》られていた。漁師町の祭礼には、宮司さんが桶を担ぎ祠の前に海水を汲《く》みにくる。林の小道を抜けていくとき唱える文句があって、何かのときに呪文《じゅもん》のようなセリフの切れはしを聞いた覚えがある。

ある年、二つの川の河口部を含む海岸一帯が臨海工業地帯に指定され、海辺の松林とともに河口両側の林も一本残らず伐《き》り倒された。祠のあった岩は土砂に埋もれた。もう磯の小石をひっくり返してもアワビがくっついていることはなく、あれほどどっさりいたウナギが、海からも川からも忽然《こつぜん》と姿を消した。

いま思うと河口部の林は、江戸のころ「おとめやま」と言われていたのではなかろうか。お留山《とめやま》であって、木を伐らせない。汽水のほとりは海の幸、川の幸の宝庫だが、それはまわりに緑の自然があってのこと。淡水と海水のまじり合う独特の匂いは、森や林が守っている。人々は森と川と海のつながりをよく知っていて、山守りを置き、厳しく規制した。

友だちの父親は漁師をやめて工業地帯に進出してきた製鉄所の職工になった。緑の海岸部はあっというまに灰褐色一色になり、コンビナートのライトが夜の闇《やみ》に放たれた矢のように光っていた。

旧城下町にはまた、いくつもの鎮守の杜《もり》があった。権現の杜、大歳《おおとし》神社の杜、コンピラの杜……。たいてい「さま」とか「さん」がついていて、「権現さまの杜」「大歳さんの杜」と言った。「コンピラさまの杜」、あるいは総称して「お宮さんの杜」である。

本殿の裏手がうっそうと繋っていた。スギやヒノキがすっくと天にのび、それが神域に特有の荘厳な雰囲気を生み出していた。すぐうしろが山の場合、そこだけようすがちがっていた。スギ、ヒノキの直線ではなくモコリモコリした曲線であって、お碗《わん》を伏せたような緑のかたまりが何十となく重なり合っている。スギ、ヒノキが黒々とした山並みをつくっているなかで、神社の裏山にだけ曲線域がのこされていた。全体が大きな塊になって盛り上がり、あくまでモコリモコリが主体で先っぽの尖《とが》りをもたない。

これもずっとのちのことだが、私は「照葉樹林」という言葉を知った。農学者中尾佐助の照葉樹林文化論にはじまるもので、常緑のカシを中心にクスノキ、ツバキなどが多い。ほかにイチイガシ、タブノキ、イスノキ、センダン。下草にはテンナンショウ、エビネラン。かつて西日本の山野をつつんでいた植生であって、大半の山々が人工林にかえられたなか、厳しい風土の奥山、そして平地では神域などに小さな点としてのこされた。人々が恐れ、つつしみ、立ち入りをはばかってきたところ。同じ緑でもあきらかに樹相のちがう一角である。

権現さまの杜にミミズクが巣をつくっているというので、少年仲間で夏の夜に「探検」したことがある。ひとかたまりになって神社の裏山に入っていった。目が闇になれると、根が露出していたり、幹から裂けた大枝が垂れ下がっているのがわかった。懐中電灯で照らすと、ひろがった枝が天を覆うドームのようで、夜もムッとする熱気があった。

小径のどんづまりに奥宮が祀られていて、そのお宮に近いタブノキにミミズクがいる。ささやき合って行くあいだ、小さな裏山が途方もなく深い森のような気がした。ふと足をとめたとき、コケむした石を抱きこむように木の根が這《は》いまわっていて、そこに巨大なミミズがいた。遠い昔のことなのに、いまもまざまざと覚えている。懐中電灯で見たせいで、よけいに大きく見えたのかもしれないが、青みがかったのがヘビのようにニュルリとのびていて、少年探検隊は肝をつぶした。

結局なんの成果もなしに逃げ帰ったが、少年の一人はあとあとまでもモコリモコリの闇の深さと、青白いミミズを覚えていた。照葉樹林には陸性の貝類やナメクジがつきものだから、あのミミズもその一種だったのだろう。青光りした大ミミズは地方によってヤマミミズ、ヤマヘビなどとよばれている。博物学者のシーボルトが標本にしてオランダに持ち帰ったところから「シーボルトミミズ」の学名がついた。

明治政府の神社合祀《ごうし》令に南方熊楠《みなかたくまぐす》は烈しく抵抗した。計画実施にやってきた官吏と小ぜり合いを演じて、勾留をくらったこともある。熊楠が専門とした粘菌の研究に古い植生をとどめた神社の杜が欠かせなかったせいもあるが、それまで土地の神々を中心にして守られてきた地域共同体の習わしや伝統が、神さまを十把ひとからげにまとめることによって、一挙に失われることを恐れたからだ。名目はどうあれ、合祀が政府と神社の功利主義の産物であり、跡地がまるまる手に入る打算ずくめのことをきちんと見抜いていた。

いまも主だった神社には、ときには一〇社にちかい境内社が祀られていたりするが、かつてはそれぞれが神域をかまえていた。合祀以前の日本の町や村が、どれほど豊かな緑をそなえていたか想像できるのではなかろうか。

ミミズク探検隊員が大人になったころ、「所得倍増」を合言葉に、わが国は経済の高度成長へと駆け出した。道路拡張、工場誘致、宅地造成——そしてその後の「繁栄」がいっさいを根絶やしにした。それでも少年の一人はいつまでも、青光りのミミズと深い森への郷愁を心のすみにいだきつづけていた。

「都市林」という言葉が使われだしたのは、いつごろのことだろう？「都市近郊林」とも言って林学や地理学の教科書に使われていたのが、少しずつ市民権を得てきたのではあるまいか。やがて国や自治体が用いはじめ、行政用語にも入ってきた。

花の都パリは西にブーローニュの森、東にヴァンセンヌの森をもっている。古都ウィーンには西から北にかけて広大な「ウィーンの森」が控えている。ロンドン、ニューヨーク、ミラノ、マドリード……。世界都市はどこも、すぐわきに大きな都市林をそなえている。

都市生活者は建物のひしめき合った都市に生活するからこそ、より切実に広い緑のエリアが欠かせない。

大都市にかぎらず地域の中核都市、あるいはいまなお城壁に囲まれているような小さな町でも同じこと。市民用のいこいの森が、つい目と鼻の先にひろがっている。

わが緑の日本地図には、ごく近年に誕生したさまざまな森が、それぞれのキャッチフレーズとともに書き入れてある。もとより魔法のように森が生まれるわけではなく、これまでうっちゃらかされていたものが装いあらたにもち出されてきたまでである。役立たずの居候が、急にまわりからチヤホヤされだした感じがしないでもない。そのせいかキャッチフレーズも、どことなく思わせぶりで、そらぞらしい。


「森と水の癒しの里」

「高原のリフレッシュ空間」

「健康の郷」

「酸素一番のまち」

「森林セラピー基地」

自治体好みの表現があるようで、主だったいくつかをあげると、「ふれあい」「こころ」「豊かな自然」「元気わくわく」「緑の風」。何よりも「癒し」がお好みで「癒しの里」にはじまって「癒し歩道」「癒されの森」、ひらがなになって「いやしの森」。かつて「お留山」や「鎮守の杜」として日本人が大切にしてきた緑の領域を、高度成長という名の怪物がことごとく呑《の》みこんでしまった。最近になってやっと、失ったものの意味がわかってきたかのようなのだ。

実を言うと、この手の自然回復の営みは、はるか以前から各地で試みられてきた。山形県の港町酒田を訪れたことのある人は、港をはさむ南北数十キロにわたり、長大な緑の帯がのびているのをいぶかしく思ったのではあるまいか。わが日本地図ではもっとも早い記入の一つであって、江戸半ばから幕末にかけてつくられた。松を主体にはじめた人工林が、いまや天然林にひとしい多種多様の色合いをもっている。

植林記念館に古地図があるが、一面の砂地で、たまにひねこびた小松がしがみつくように生えているほかは何もない。戦乱の世に伐られ、火を放たれ、見渡すかぎりの荒地だったところで、土地の先覚者たちがめいめいの受けもちを定め、知恵と知識を深めながら森再生の試みをつづけた。熊野古道を人がつくった信仰コースとすると、酒田沿岸の緑地帯は、暮らしが生み出した長大なグリーンベルトなのだ。ひとしく世界遺産に名をつらねる資格をもっている。

栃木の那須高原は軽井沢と並ぶ避暑地として知られているが、別荘地があるのはほんの一部であって、那須野が原のおおかたは牧草地と森と田んぼが占めている。バスの窓から見るかぎり、昔からこのようなたたずまいだったと思いがちだが、明治の末にようやく生まれた風景である。今も煙を吹いているが、那須火山脈がもたらした三角状の砂礫《されき》地であって、俗に言う「ペンペン草も生えない」ところだった。

ここもやはり当地の先覚者と言われる人たちが水路を開く事業から手をつけた。那須野が原のケースが風変わりなのは、地元の資金ではとうてい立ちゆかないとわかったとき、明治維新のあと「華族」と言われる身分に成り上がった者たちが、広大な台地を割りふって事業を継承したことだ。大山巖、西郷従道《つぐみち》、青木周蔵、松方正義……有能な現地支配人のコーチを受けながら、独自のコミューンのもとに森林づくりをすすめた。那須台地の思いもかけない一角に、ミニ迎賓館に似た旧青木別邸や山縣有朋《やまがたありとも》記念館と出くわすのは、しかるべき由来があってのことだ。

富山県の北端の朝日町に森の博物館がある。博物館と言っても建物類は一つもない。温暖性植物の北限とされ、シイ、イイギリ、アカガシ、タブ、ウラジロガシ、ムク、スダジイ、シダ。それぞれの頭に何かがついて「シロヤマシダ」といったふうになる。シロヤマは九州・鹿児島の城山のこと、そこで発見されたものが越中の海辺でも見つかった。すべて「鹿島さん」が守ってきた。小さな町が税収の乏しさを逆手にとって、鹿島神社の神域をそっくり博物館にした。雄大なモコリモコリがそのまま天然の陳列品というものだ。

もっとも新しい都市林の一つに「苫小牧《とまこまい》地方演習林（現・苫小牧研究林）」がある。北海道大学の演習林の一つだが、大学当局の「もてあましもの」だった。苫小牧は王子製紙の「企業城下町」といった性格の都市であって、おりしも「苫小牧東部開発計画」が進行中。そのような土地で、半ば打ち捨てられていた大学演習林が、数年あまりで市民のための森として甦《よみがえ》った。「……森と人の結びつきの再現こそ、都市近郊林としての大きな目標と私は考えた」(石城謙吉『森林と人間――ある都市近郊林の物語』)。いまやそれはヨーロッパの都市に見るような、豊かな近郊林の風格をおびている。

二〇一一年三月十一日午後二時四十六分、東北地方を中心にしてマグニチュード九・〇の大地震があり、ついで大津波が海岸部に襲いかかった。宮古、大船渡、陸前高田、気仙沼、石巻、名取川の北の荒浜……。取材で訪れたところもある。民宿のご夫婦、浜通りにつるしてあったイカ徳利、港町のあれこれをおそわった公民館の主事さん。懐かしい町のたたずまいは、あとかたもない。

昔の人は津波のことを「海嘯《かいしょう》」と言った。嘯は「うそぶく」、口をすぼめて長く引いて出す声であって、津波が特有の海鳴りとともにやってくるからだろう。明治半ばに出た小鹿島果編『日本災異志』(復刻版・五月書房)が貞観十一年(八六九)の「陸奥国《むつのくに》地大震」を収録している。当時の陸奥国は現在の青森県から福島県までを指している。地、大いに震《ふる》う。つづけて「海嘯、溺死《できし》千許《せんばかり》」。千は数字ではなく「数知れず」を意味している。

旧暦五月のこと。突然の大地震に、人はみな叫びを上げるばかりで立つこともできない。

みるまに建物の下敷きになる。馬や牛は狂ったように走りまわる。「城郭、倉庫、門櫓《もんろ》、墻壁《しょうへき》」、役所も倉も家々も塀も、あるいは崩れ、あるいは倒れた。

「海口哮吼《こうこう》聲似雷霆《らいてい》」

海が雷鳴のように轟《とどろ》いて襲ってきた。波が引いたあとは「数千百里浩浩」として果てしのない原野に似ていた。

一二〇〇年ちかい昔を伝える記録が、そのまま二十一世紀の映像とかさなってくる。どんなに文明化しようとも、自然が秘めた途方もないエネルギーには、ひとたまりもない。古い記録はただ漢字だけ、それも一二〇字ばかりで一切の経過を述べており、さながら黙示録のように読めるのだ。

そんななかで「緑の日本地図」を書き継いだ。章をかえてもたえず語りつづけたのは、土と水と太陽と、そして植物にたいする信頼である。どんなに人間によって痛めつけられ、荒廃させられても、自然は豊かな復元力をもち、春とともに植物は芽ばえ、根を張り、成長する。よく観察して、ほんの少し手助けしてやれば、とたんに鳥や魚たちがもどってくる。

土と水と植物、それに人間を信頼した森づくりの実践記が、さしあたり、ひそかな巡礼の道案内である。ときおり夢見るのだが、道のりをかさねていくと、日本列島をつないで、細くはあれ切れ目のない緑の回廊ができあがるのではないだろうか。

# 第一章　甦りの森（北海道苫小牧）

　まだ多少とも聞きなれない言葉だが、「都市林」、あるいは「都市近郊林」といった言い方をする。都市の近くにあって、都市生活者に欠かせない森。「市民の森」なら、これまでも使われてきた。ところによって「県民の森」「都民の森」などと言ったりする。それとはちがうのか？

　大いにちがう。ときには、まるでちがう。ヨーロッパの都市を思い浮かべるとわかりやすいかもしれない。ウィーンの森、パリのブーローニュの森、いや、ほとんどが単に「森」と言われるだけ、それほどふんだんに都市の近郊には広大な森がある。ロンドンの駅を列車で出ると、およそ十分ばかりで早くも石ずくめの市街地から緑のなかに入っていく。はたして大ロンドンはどこへ消えたのか、いぶかしく思うほどだ。

そのような森であって、土地のおあまりに施設をつくった「市民の森」でも、リュックサックと登山靴で出かけていく「県民の森」「都民の森」でもない。またその種の森には禁止事項を羅列した看板がやたらに立っているものだが、禁止事項なら市民生活にごまんとある。せめてその森にくると、日常生活につきものの規制といったものを忘れていられる。人間世界の約束ごとではなく、木や水や鳥の生理に従っているところ。

北海道の苫小牧市に、とてもステキな都市林がある。室蘭工業地帯の中心にあたる町であり、産業都市の生活者には恵みの森というものだ。市街地のすぐ北にひろがっていて、面積二七一五ヘクタール、東京ドーム五八一個分。ミズナラ、シナ、ハリギリなどの落葉広葉樹、そこにエゾマツ、トドマツがまじり、森の中を川幅四メートルほどの幌内川《ほろない》が流れ、その枝川が点々と清流や池をつくっている。春には一面にキタコブシの白い花。

室蘭工業地帯と聞けば、海岸の埋め立て地と、林立する煙突や工場群を連想するだろう。中心都市苫小牧は「王子製紙の城下町」と言われてきた。どしどし木を伐ってパルプにするのがショーバイの大製紙会社の本拠地である。誰もが殺伐として落ち着きのない町を思いえがく。わざわざ休みをとって出かけようとは決して思わない。

幌内川近くの湿原

ところが、まさにそこに豊かな森があるのだ。都市近郊林のあるべきスケールとたたずまいをもち、担うべき役割をきちんと果たしている。同じ北海道の旭川の動物園のことはよく知られているが、そこからまっすぐ南に下った海べりの植物帯のことを知る人は少ない。旭川の動物園は一人の園長が発案して、新しい考えのもとに旧来の動物園をあざやかにつくりかえた。その点は苫小牧のケースと二つのエンドウ豆のようによく似ている。ただ、動物は愛嬌《あいきょう》者であって絶妙な宣伝役をやってくれるが、植物は黙って立っているだけ。それでも人が憩いを求めてやってくると、サワサワとやさしい葉音を送ってくる。

北海道大学苫小牧地方演習林――これがもともとの名前だった。現在は苫小牧研究林と改名。どちらにしても、ものものしい名称であって、関係者以外は用のないところである。近づくこともなく、もとより入ったりしない。そのはずである。どうしてそれが市民生活に欠かせない恵みの森になったのだろう？

たしかに三〇年あまり前までは名称どおりだった。主として農学部の林業の学者が研究や演習に利用する。大学では森林施設の責任者を「林長」とよび、教授職が任命される。

林長は研究者であるだけでなく、管理部門の責任者でもあって、正確には「物品分任管理官」「契約担当官」「前渡資金管理官」の三役を兼ね、予算執行や、契約業務や、物品移動ごとにペタペタ印鑑を捺さなくてはならない。もとより事務方から、しかつめらしい書類が上がってくる。森もまたペタペタ式印鑑のもとに管理されていた。

一九七三年四月がはじまりだった。苫小牧演習林に新しく林長が赴任してきた。北大には伝統ある農学部と関係した演習林がいくつかあって、苫小牧演習林は小さい部類の一つだった。のみならず久しく大学にとっても研究者にも、厄介なもてあましものにされていた。それは林長を買って出る者が、まだ三十代の専門ちがいの一人しかいなかったことからもわかるのだ。

名前を石城謙吉《いしがきけんきち》といった。イワナの研究からはじめ、それが動物生態学にひろがった。大学院を出たのが三十五歳と遅かったのは、回り道をしたからである。若いころの貴重な人生の回り道が、森林と暮らしを結びつける画期的な事業を実現する上で、大きな元手になったのではあるまいか。

石城林長が赴任してきたころ、森はひどい状態だった。古くからの演習林なのに大木がほとんどない。全体にやつれた感じで枯れ木がめだった。大半が針葉樹のカラマツやトドマツの人工造林で、それも失敗例ばかり。手をつけただけで放置した跡地が、やぶとも草地ともつかぬものになり、植えた樹木がある程度は育ったところも手入れがされていないので、中に踏みこむことができないほど混み合っている。

長らく苫小牧の人工造林地が台風やおそ霜、また病虫害をこうむってきたことは赴任前から耳にしていた。しかし、それは責任逃れのための言い訳であって、もっとべつの原因があるのではなかろうか。これまで苫小牧は〝札幌の先生たち〟の直轄地のように言われ、それも○○先生派と××先生派がそれぞれ勝手に指図を出していじくりまわしたあげく、どうにもならなくなって放置してきた。

「私の赴任当時の苫小牧地方演習林には、九名の技官、二名の事務官、四名の六カ月雇用の作業員、それに女子職員二名などからなる二〇名の職員がいた」

森林業務にあたる九名の技官のうち八名までは、この演習林に二〇年以上も勤めてきた。もっともよく森のことを知っている。しかし、技官という立場上、〝札幌の先生たち〟の指示に従うほか何もできない。いつしか何をするにも「札幌」にお伺いを立てる体質ができてしまった。

ベテラン職員のなかには、かつての森林の状況を知っている人たちがいた。

「赴任後間もない頃の私は、よく一升瓶を提げてこれらの人の住宅に行き、夜遅くまで話を聞いた」

研究室だけにこもってきた教授たちが、あまりやりたがらないことである。そこから「信じられないような森の姿」が浮かび上がってきた。樹木の多くがミズナラ、ハリギリ、シナ、ハルニレなどの落葉広葉樹の大木で、そこにやぶはなく、大木の幹のあいだに光が射しこみ、木々の幹には厚くコケがついている——。

もともと冷温帯性の落葉広葉樹に亜寒帯性の針葉樹のまじる混交林帯の森であったのに、強引に針葉樹の人工造林をおしすすめ、しかも「密植試験地」と称して間引きを一切しようとしない。いろいろな人間がよってたかって、そのときどきの手前勝手な指図をしてきた。

イワナの研究からはじめて動物生態学を専門にしてきた人は、とりわけ人間の生態にくわしかった。赴任以来二十数年、仕事の多くは樹木や風土との戦いではなく、人間との戦いであったようだ。「林種転換」を唱えると、すぐさま札幌から異議が出る。林学専門でない人による森づくりに対して、くり返し「科学的根拠」が問いただされた。選木、伐木のためのマニュアルはどうなのか、マスタープランや年次計画を見せろ、とくる。「素人の理想論」を槍玉《やりだま》にあげる人たちを前にして、石城林長は考えていた。

「林業にせよ、河川事業にせよ、自然に対する仕事がいちばん大きな過ちを犯すのは、計画が忠実に実行された時なのである」

マニュアルやマスタープランというものは、できたとたん、人に頭を使わなくさせるものだ。ただその線にそってやっていればいい。ところが自然はついぞマニュアルどおりにはいかず、マスタープランなどと関係なしに、ほんのちょっとした条件しだいで大きく変化する。どれほど多くの自然が「計画遂行」の犠牲になってきたことか。旧営林署の残した巨大な赤字がいい例だが、これまで森林官庁のつくった微に入り細にわたるマニュアルのもと、いかに硬直したバカバカしいことが平然とつづけられていったことか。

この林長がマニュアルにしたものは、土と水と植物に対する信頼だった。研究の名のもとにどんなに痛めつけられても、風土に合った条件をととのえてやりさえすれば、土や水はすこやかに復元力をみせ、そのもとに植物は芽を出し、生長する。よく観察して、ほんの少し手助けしてやれば、みるまに森が育っていく。とたんに鳥や魚がもどってきた。

その間、もっとも頼りにしたのは、ときたまやってくるだけの研究者ではなく、現場で汗水流している職員たちだった。「計画」にしばられず、めいめいが蓄積してきた経験のなかから知恵を出してもらう。

「使ったのは、金よりも頭と時間だった」

新しい森づくりが軌道にのったころ、事務掛長までもがたのしげに土木作業に参加しはじめた。大学行政を少しでも知る人なら、目をまるくしてたまげるほどの珍事なのだ。

苫小牧研究林は大きく四区に分けられている。

一、都市林施業地区（一二六八ヘクタール）

二、原生保存林地区（二三三ヘクタール）

三、エゾマツ復元地区（五四四ヘクタール）

四、水源林地区（六七〇ヘクタール）

市民が自由に立ち入れるのは一の都市林地区であって、それが半分近くを占め、全体の基本的な性格を示している。

この地域一帯は、北海道大学
苫小牧研究林の森です。
研究林の森は、多くの人たちが、
森林について学び、また、心のやすらぎ
を求める場所です。自然を愛し、
森のいのちを尊ぶ心でおはいり下さい。
ここは、全域が鳥獣保護区です。
すべての動物たちが、自然の中で、
自然のままに生きる姿を大切にしましょう。

駐車場の入口に縦、横二メートルほどの丸太で組んだ看板がある。職員がつくったものだというが、これが広大な森に入る人へのほとんど唯一の注意の呼びかけである。

その駐車場のすぐわきを、一部は研究林を横ぎるかたちで道央自動車道が走っている。新しい林長をリーダーにした森づくりの始まったのが、この自動車道の建設さなかのことであり、おりしも苫小牧東部開発計画が進行中。しかも大製紙会社の城下町である。そのような土地柄にあって、半ば打ち捨てられていた大学研究林を市民のための都市林につくりかえるのは、いかに難しい事業であったか。林内の川の整備のくだり。

「作業はすべてこの演習林の職員の手でやり、外注はしない。コンクリートはいっさい使わない」

マスタープランや年度計画などといったものはあえてつくらず、そのつど知恵をしぼって「いろいろなこと」をしてみよう。大事な仕事ではあるが、気分転換を兼ねた遊び心をもって、自由にやろう。

中心軸になる太い林道から細い林道が分かれ、そこからさらに枝道に分岐する。悠然と枝をのばしたミズナラ、ハルニレ。あいまにスックとのびて天を指すエゾマツ。樹根をめぐり、形を変えながらあちこちにちらばる池。鳥たちが順送りに、そぞろ歩きの道案内をしてくれる。

「いくつもの池づくりがほぼ終わった頃、最後に、小さくてもよいから湿原をつくろう、という案が出た」

道南地方には勇払《ゆうふつ》原野といった湿原のお手本がある。だから、さしあたりはこの地方の代表的湿原植物であるオオカサスゲとキタヨシを少しずつもちこみ、どちらが繁るかは「植物に決めさせる」ことにした。はじめの数年はオオカサスゲの群落で埋まっていたが、二〇年ちかくたってキタヨシがグンと増えてきた。植物学では「植物遷移」と言うが、その生きた見本というものだ。

湿原の一つは「誰が何を植え込んでも良い」ことになった。ミズバショウ、イグサ、スイレン、ザゼンソウなどが勝手にもちこまれ、あるものは消え、あるものは繁り、そのうち賑《にぎ》やかな湿地になった。石城方式が終始、自然の生理を巧みに生かした文字どおりの「自然流」であったことが見てとれる。

自転車に乗った若者、幼い子をつれた若い母親、ミニリュックを背負ったおばさんグループ、双眼鏡を首に下げた愛鳥家、画材を下げた日曜画家……。「ゴミは持ち帰りましょう」といった標識は一つもないのにゴミ一つないところをみると、誰もがごく当然のこととして持ち帰っているのだろう。

「そもそも、不特定多数の市民の間の秩序は、自然発生的にしか生まれない、というのが私の持論である」

大学の研究林を一般市民に開放するのは、大きな勇気のいることだったにちがいない。大学当局からお目付け役としての禁止条項が、どっさり出されたと思われる。それをすべて押しとどめ、条文や規則で脅しつける方法をとらなかった。してよいことと悪いことの基本的判断が規則や条文に照らしてしかできないところには、本当のモラルが生まれるはずはないからだ。

「なかでも必要なのは、自然への愛情とそれに基づくモラルが、自主的に育ってくるのを待ち続ける勇気だと思う」

森をめぐっていく流れには、あちこちに手づくりの橋がかけてある。丸太一本の橋もある。落っこちる子供がいて不思議はない。しかし、やはり注意の立札など立てなかった。

「そんな時は、あの子は一生幌内川を忘れないだろう、と思ったものである」

人と自然を信頼してつづけられた謙虚な実践記が、なおのこと苫小牧の森に深い陰影を与えている。

# 第二章　クロマツの森（山形県庄内）

飛行機で山形の庄内空港をめざした人は、日本海側に出たとたん、不思議な景観を目にするだろう。三色の布がひろがっている！　青と白と黒であって、海の青はどこまでも広い。線を引いたような白は砂浜で、波がレース模様をつくっている。この二色は海岸におなじみだが、黒い帯が風変わりだ。白線によりそって長々とのびている。よく見ると黒帯に多少の変化があって、まん中に白地をもって二重になっていたり、斑点《はんてん》状に白地をのこしていたり、幅のある一本がところどころでふくらんでいた。

やにわに飛行機が旋回して日本海が消え、かわって鳥海山があらわれる。三角の山塊が雄大な裾《すそ》を引いて市街地から庄内平野へつづき、再び黒い帯が顔を出す。鳥海の三角錐《すい》と黒帯の直線が印象深いコントラストをつくっている。

山形県飽海《あくみ》郡遊佐《ゆざ》町西浜から酒田市を経て鶴岡市湯野浜まで全長約三四キロ、面積五五平方キロ、地理学では庄内砂丘とよばれているが、砂丘にあたるのはレース模様をもった白線の部分だけで、あとはクロマツに覆われている。そしてこの壮大な黒い帯は、人間が自然と戦ってつくりあげた。熊野古道は信仰がつくったものだが、こちらは暮らしといのちを守るために長い歳月をかけて生み出された。熊野とひとしく世界遺産に登録される価値をおびているのではなかろうか。

酒田市を起点にすると、クロマツ林の中を北は国道7号が、南は112号が通っている。車で走ると昼なお暗い森をいくようだ。川をよぎったり、広場状のところに出たり、果樹畑の横手に出ると、にわかに明るくなる。タイヤが砂粒をはじきピシャリとガラスにとんだりして、この広大な森が山深いどこかではなく、海辺のすぐわきに位置していると思い出させる。

車をとめて、松林を少しでも歩くと、やがてわかってくる。たしかにクロマツ林だが、ほかにもいろんな木がまじっている。ミズナラ、カシワ、コナラ、エノキ……。暗い深山の印象をもったのは、樹相が山そのものであるからだ。さらに道路側にはノイバラ、ウコギ、タラノキ、奥に入るとヤブツバキ、ニワトコ、シロダモ、キンギンボク。農地と接した辺りにはヤマブキ、サンショウなど、おなじみの木がふちどっている。

樹間にはイヌタデ、ミズヒキ、スイバ、ユキノシタ、ヌスビトハギ、ツルクサ、フキ。これらは素人にもわかる範囲であって、くわしい人なら何十もの草本を見分けるだろう。豊かな自然の恵みにちがいない。しかし、そもそもの始まりは人の手が一本ずつ植えた。祈るような気持で、実際に祈りを呟《つぶや》きながら植えていった。一夜あけると砂に埋もれていたり、風にとばされてあとかたもなくなっていた。それでもまた新しく植えつけた。根づいたのが育ち始めたとき、ようやく自然がおずおずと助太刀にやってきた。

行政的にはともかく、庄内砂丘には土地ごとに古くから使われてきた地名がある。ほぼ三キロから五キロのへだたりをとって、北から西浜、十里塚（北）、白木、宮海、酒田港、宮野浦、十里塚（南）、浜中、湯野浜の九つで、それぞれが地区にあたるまとまりをとっている。

地区はほぼ、三〇〇年ばかり前にはじまった植林の単位と一致している。一つ一つめぐっていくと、きっと林中にひっそり残されている記念碑に出くわすはずだ。あるものは功徳碑として先覚者の偉業をたたえている。「いしふみ」の名で松林の由来を詳細につづったのもある。石に刻めば風雪にたえて末永く伝えるであろうからだ。「植附場之碑」とだけ深々と彫りこんだものもある。鳥居と石垣を築いて神社のようなスタイルにしたのは、その業を神格化したかったせいだろう。どれも古いものだが、今もよく世話をされている。

酒田市立光丘《こうきゅう》文庫は当地の大地主本間家の古文書を管理していて、そこに多くの絵図が残されており、その一つの「日和山《ひよりやま》眺望図」が植林前の海岸寄りを写している。現在は日和山公園になっていて、見晴らしのいいところである。「日和山」の名が示すように、かつて日本海を往きかいする北前船の船頭たちは、この山にのぼって一心に空をにらみ天気の予測をした。

左手に飛島《とびしま》、右に鳥海山が見えるから北の遊佐町方面の眺望だが、目の届く岬まで赤茶けた砂原がつづいている。黒くハケではいたようについているのは、ひねこびた木がチラホラあったのだろう。わりと近いところに日向川《にっこう》が注いでいて、現在だと切れ目がはっきりと見えるが、絵図には川がない。飛砂に埋もれていたのではなかろうか。湯野浜にかけ

クロマツの森・冬

ての南面も、ほぼ同じ姿だったと思われる。

遠い昔からこんな状況だったようだが、地質学者によるとそうではないという。海辺の堆積物からして、一六〇〇年代ごろまでの庄内浜はカシワやブナ、ミズナラなどの広葉樹の森だった。戦国時代の争乱に乱伐した。江戸になって年貢利が定まったとき、浜手の塩が年貢にくりこまれた。塩づくりには塩水を煮上げるために多くの薪が要る。人々の暮らしにも欠かせない。ドンドン伐って、やがて一帯は一望の砂漠になった。

冬の庄内を襲う吹雪のことはよく知られている。今も風の通り道にはジュラルミン製の風除けが林立しているとおり、まっこうから風にさらされると、車ですら進まなくなる。へたをすると横からさらわれて横転する。

砂浜はいっさい遮るものがない。雪と砂が人々を苦しめた。雪は春になると解けるが、大量の飛砂は田畑につもり、家さえもうずめてしまう。浜中の民具資料館には「家屋の掘出し」とタイトルのついた古写真があって、飛砂の被害はごく近年までつづいていた。江戸時代の絵図には、家の中でも笠《かさ》をかぶった人々の姿が描かれている。

村々から砂防林の請願が数かぎりなくされたにちがいない。庄内藩は言を左右にして、なかなか腰を上げない。しびれをきらした人々が一身を擲《なげう》つかのように立ち上がった。古い順にあげていくと、つぎのとおり。

元文元年（一七三六）　佐藤太郎右衛門（十里塚・南）
延享三年（一七四六）　佐藤藤蔵（白木）
宝暦八年（一七五八）　本間光丘（酒田港）
安永九年（一七八〇）　曽根原六蔵（十里塚・北）
文政九年（一八二六）　阿部清右衛門（西浜）

この間に堀善蔵ら荒瀬郷二一ヵ村、茨新田、下川村、また藩直属のチームが工区を受けもった。正徳三年（一七一三）以前に南の十里塚に近い黒森村が植林をした記録があって、あまりの惨状に堪まらず村をあげてとりくんだことが見てとれる。

たぶん失敗のくり返しだったのだろう。苗木を植えれば育つといった土壌ではないのだ。古絵図にはムシロを袋状にしたのを砂袋とし、背に負って運んでいる。砂は重く、一度に運べる量はほんのわずかだ。やっと整地して植えつけても一夜にして風が埋めつくしている。掘り出しても、みるまに色を失って枯れていく。

人々はまだ飛砂の防止法、また後方に草地をつくり、草の根が土をつかんでのちに植林を始めるという方法を知らなかった。せっかく何千本となく植えても根づくのはほんのわずかだ。

「六蔵翁植付指示之図」
「藤蔵人夫を督して合歓木《ねむのき》松苗等を植えしむるの図」

「藤蔵砂浜に登り風に向ひ天を仰ぎて泣《なき》て保護を祈るの図」

リーダーたちはよく勉強して、諸方の試みを参考にし、試行錯誤をくり返したと思われる。佐藤藤蔵は酒田で聞こえた造り酒屋だった。父藤左衛門ともども農民の被害に心を痛めていた。日向川以北の四・三キロの土地を預り地として申請し、藩の許可を得るやいなや、自分も当地に移り住んで植林にあたった。家人につねづね戒めていたという。

「一枝を折らば自らの一指を斬れ。一本を伐らば一手を断て。又止むを得ず一樹を用材とせば三十倍を代植せよ」

クロマツに加えてネムノキを選んだのは、何か根拠があってのことだろう。風が吹きつのる日は「泣て保護」を祈ったにちがいない。身を捧げること五〇年。遊佐町上藤崎に墓碑があるが、ていていとそびえる古木と深い緑につつまれている。藤崎は植林にあたり決意をこめて自分の一字を移して名づけた土地である。念願とした森に墓所を見つけたわけだ。

曽根原六蔵も酒田の造り酒屋の出で、屋号を「碇屋《いかりや》」といった。父が佐藤藤蔵の妹を妻とした縁で、庄内浜造林のことは若いころから知っていた。早々と妻を失い、また母をなくして考えが決まったのか、藤蔵の入った藤崎村の北、三・五キロの植林にとりくんだ。伯父からいろいろコーチを受けただろう。そこから目論見が立ったのではなかろうか。六蔵は人夫を傭《やと》わず、入植者を募り、応じてきた一四人とともに作業にかかった。そのため絵図には「曽根原家名子《など》十四名松植付之図」として描かれている。二〇年あまりして菅野《すがの》村を開村。現在の遊佐町菅里《すがさと》である。生涯に植えつけた本数は一九〇万にあまると言われている。

植林の先覚者のなかで本間光丘が目をひく。大地主本間家の三代目であって、現在のJR酒田港駅の北にあたるところの植林をした。日和山の裾地にあたり、飛砂に加えて最上川の氾濫に苦しめられてきた土地である。光丘が手をつけ、以後もさらに北に大きくひろげるかたちで本間家の当主が代々にわたり造林につとめた。その経済力は藩主に勝るといわれた豪家であって、そこの当主が社会事業に乗り出すとあれば、藩としても手をこまねいておられない。やがて本間家担当の地区の北、さらにその北に藩直属のチームが入った。村々による事業を含めて本間家から、名目はどうあれ手厚い支援があったと推察される。

酒田港駅近くに光丘神社があって、三代目がカミさまになっているが、荒ぶれた天地を大きく豊かに変えた労にてらすとき、カミさまになってもおかしくないのである。

人間は愚行を何度でもくり返すらしい。第二次大戦中にクロマツの森は大きく荒廃した。戦闘機のガソリンに松脂をあてる国策が下ってきて、ところによっては松林が皆伐された。

敗戦五年後のことだが、富樫《とがし》兼治郎が酒田営林署長として赴任してきた。歌舞伎「勧進帳」の花も実もある関守と同名の新署長は、深く思うところがあったのだろう。「庄内海岸砂防林造成事業」を国に認めさせ、大がかりな砂防林づくりにとりくんだ。系統的に防浪垣、また砂丘垣を設置して浪による浸食を防ぎ、砂を堆積させて人工の砂丘をつくる。その後背地の植物にはアメリカハマニンニクが最適と見定め、土を定着させてから、まずアキグミなどの低木を植えた。そののちにようやくクロマツの植林にかかる。現在では砂地造林の基本とされる方法だが、従来とは大きくちがったために、当初は難問題が多々あったと思われる。写真が証言役だが、一九五一年には、皆伐されていた浜一面におぼつかなげに苗木の列が見える。一〇年後に若木がすくすく育っている。二〇年後は見はるかす緑の帯になった。さらに成育して三〇年後には黒々とした森がつづいている。富樫署長は名脇役ならぬ「海岸砂防の父」と言われている。

庄内のクロマツの森は、歩いてとても楽しいところだ。砂浜からクロマツ林まではおよそ二〇〇メートル。素足で歩くとよくわかるが、汀の砂を踏みしめたあとは、サラサラとこまかい白い砂地。つづいて淡い紅色のハマヒルガオ、茶筅《ちゃせん》そっくりのコウボウムギ、沁《し》みるような白花のハマボウフウなどが群生している。この辺りは風で砂が移動するのか群落もとぎれがちだ。

そのうしろは砂丘垣がつくった斜面になっていき、飛砂がここでせきとめられる。植生が変化してハマエンドウ、ウンラン、ケカモノハシ。斜面を緑でつつみこむように勢いがいい。

クロマツ林に近づくと植生がまた変わる。おなじみのチガヤ、スイバ、オオヤマフスマ、スズメノヤリ。ハマニンニクやアキグミがあるのは植林のときの置き土産である。

海岸から遠ざかるにつれてブタナ、ハルガヤといった帰化植物がふえてくる。道路沿いは、いわずとしれたススキやヨモギ、ツルウメモドキといったツル性植物、セイヨウタンポポ、コバンソウ、ヒメジョオン。

いつまでも素足というわけにいかない。靴の紐《ひも》をしっかりしめて林に入ると、小学生の低学年のクラスのように背の低いのとノッポが同居している。高木クロマツは樹高約二〇メートル。これに亜高木層と低木層がまじり合う。ニワトコ、サルトリイバラ、ウコギ、ノイバラ、ユキノシタ……。背の低いのがクラスのチビどものようにチョコマカといてほほえましい。

三〇〇年の歴史をもつ大いなる帯の森だが、たえず日本海の浸食にさらされている。ひところは寄生虫によって松が枯れた。ニセアカシアが侵入すると、苗木が育たない。たえず人間の手が入ってこそ自然はバランスを保っていく。

庄内浜南端の湯野浜温泉に懇意の番頭さんがいて、おりおり宿を湯治代わりに使わせていただいている。きまって酒田から南の十里塚、浜中に寄り道をしていく。浜中の民具資料館の写真に家の中で傘をさした一家の風景が写っていたが、子供たちの服装が、わが幼いころとそっくりで、当時、まだ飛砂の被害に悩まされていたのだろう。海寄りの民家には、今もなお外まわりに背の高い棒を立てまわして防壁にしている。

およその時刻を伝えているので、夕方になると宿の人が玄関口で待っている。わざと海側から宿の横手にしのびこんで驚かせたこともあった。

湯野浜は夕陽が美しい。海面を血のように染めて、しずしずと沈んでいく。番頭さんは夕陽を見せたいものだから、あたふた声をかけ、沈む太陽をひきもどす気合いで待ち受けている。

こちらが途中で何度も素足になったことを知っているので、靴の中がきちんと払ってある。出かけるときよく見ると、玄関に白い砂つぶがほんの少し、跡をのこして落ちていた。

# 第三章　匠《たくみ》の森（岩手県気仙）

「陸前高田市《りくぜんたかたし》は三方を山に囲まれ、日本一のカキやホタテを育む広田湾を抱えるリアス式海岸の美しいまち」

岩手県陸前高田市観光物産協会発行の観光マップは、いかにもお役所式悪文ながら、誇らかに町の特色をあげている。つづいて「山には熊や鹿が住み、春は山菜、秋は紅葉が美しく、気仙川には鮎やヤマメ、イワナ、そしてサケが登り、海沿いには白砂の海岸と緑の松林が広がる豊かな自然がまちの誇りです」

岩手県の南東端にあって、宮城県の気仙沼市が隣町にあたる。あたまに「陸前」をいただくのは、旧気仙郡高田町と同郡気仙町ほかが合併して市制をしいたとき、越後に古くから元上杉氏の所領だった高田市《たかだ》（現・上越市）があった。「たかた」、「たかだ」と読み方はちがっても文字上では同じなので、後発組が区別のために旧国名をのっけたのだろう。ややこしいのだが「陸前」は中世以来の「陸奥国」を明治になって分割、設置したもので、ついで宮城県と名を改め、そののち気仙郡を岩手県に移管した。一般に気仙地方とよばれるのは陸前高田、すぐ北の大船渡、西の住田町一帯であって、気仙沼は入らない。当地の人の言い方をかりると「気仙の所《どこ》はねェ、岩手県南沿岸部のあだりのごと、気仙沼ではないがんね」。

観光物産協会のいう「三方を山に囲まれ」は、陸前高田市の背後にあって、右かたに「市民の森」の別称のある箱根山、中央に氷上山、左に玉山高原。どれも一〇〇〇メートルにみたないが北上山地につづき、クマやシカが出没する。

うしろに山を控え平地が少ないので、昔から漁業で生きてきた。古くは近海漁業、戦後は遠洋漁業の基地として発展、波静かな広田湾ではカキ、ホタテガイ、ワカメ、ノリなどの養殖が盛んで、日本一の生産量を記録していた。

山地から走り下ってきた気仙川が土砂を押し出してつくったのだろう、河口部に砂州がのび、湾に臨んで東北地方に珍しい白砂青松の「高田松原」が生まれた。

市の中心部は松原に近いJR駅の北にあって、市役所、市立図書館、市民体育館、市民会館、ふれあいセンター、消防署などが肩を接するように並んでいる。背後の山側にいくつもの寺、小学校、中学校、酒づくりの蔵、公園……。

同じ陸前高田市観光物産協会のつくった「四季のカレンダー」は春のところで謳っている。

「陸前高田の春は、海と山からゆったりとやってきます」

エメラルドグリーンの海が輝きを増すと、桜や桃がつぎつぎに咲く。山が緑に染まっていく。やがてウミネコの乱舞が始まる。そんな風土をとりまとめて、「花咲き、海光り、山笑う」を春の観光スローガンにした。

二〇一一年三月十一日を境にして、すべてあとかたもない。春が来ても花は咲かず、海は光らず、山は笑わない。その日の午後二時四十六分、東北一円を激烈な地震がみまい、そのあと沿岸部に大津波が襲来した。広田湾はややいびつな円形をしているが、こまかく見ると、いたるところにカマ首状の崎がのびている。このような地形は津波の波高をなおのこと高める。湾の中央部は砂浜と砂州であって、天にとどくほど高まった大波はそのありったけのエネルギーを一気に市街地にたたきつけた。いかに巨大な水の力でかぶさってきたか、鉄骨コンクリートの市庁舎や図書館の崩壊ぶりからもわかるのだ。市民体育館は新築されたばかりで最新の建築工学の成果だったが、ほんのひといきで原形ひとつのこさぬほどに壊された。黒い長細い林をつくっていた松原は根こそぎ波にさらわれた。わずかに一本だけが奇跡のように生きのこり、希望を託すサインのようにしてニュースになった。

大津波直後の見渡すかぎりガレキの風景がテレビに映され、新聞や週刊誌に出た。もしかすると気づいた人がいたかもしれない。コンクリートの建物は爆撃を受けたようにササくれて鉄骨が露出している。民家は礎石をとどめるだけで、あとは見わたすかぎり残骸ずくめ。そんななかに、ある特有の屋根と木組みをもった家屋が、残骸の上にのっかるかたちで、こちらに二つ、あちらに一つ。向きがてんでんバラバラなのは、家屋は波にひっさらわれたが、そのまま底のない船が浮いたぐあいに移動して、波が去ったあと、まるきりちがう地所に居ついたせいだ。土地の所有者からすればとんだ居候だが、それにしても家自体がまるで何もなかったように損われていないのに目を丸くしたのではあるまいか。最新の建築工学の成果は一瞬にしてふっとんだが、伝統的な気仙大工のつくったものは大津波をやりすごし、少しばかり散歩をしただけ。ジャッキで持ち上げ、トレーラーで運んで礎石にもどせば、すぐにも元通りの住居になる。

「気仙大工」とよばれる集団がいつごろ生まれたのか、たしかなことはわからない。延享年間というから三〇〇年ちかく前につくられた宮城県内の豪農の邸宅は、「気仙の大工」によると伝えられているという。棟札にしるされるのはもう少しあとのこと。ほぼそのころから気仙地方の大工が移動して、あちこちで仕事をしていたらしいのだ。江戸の後半あたりから、西は周防《すおう》大島（山口県）の長州大工、塩飽《しあく》諸島（香川県）の塩飽大工と並び、気仙大工が東の大工集団の代表とされてきた。耕作地の少ない海岸部が生み出した特殊な生き方とされるが、同じ条件の土地なら全国にごまんとある。なぜ気仙地方に木組みの技術が根づいたのか。

JR大船渡線の陸前高田駅より二つ東寄りが小友《おとも》駅で、駅周辺に漁協、病院、旅館、郵便局などがかたまっている。市に編入される前の気仙郡小友町の中心部で、箱根山の南斜面に町ができた。現在は見晴らしのいい高台に「気仙大工左官伝承館」があって、伝統技

小友駅付近（2011年５月）

術の見本が実物で示してある。小友町に伝承館がつくられたのは、ここが気仙大工の本拠地にあたるからだ。陸前高田の中心街をはさみ、広田湾の対岸に気仙町があってまちがわれやすいのだが、気仙大工は正確には小友大工であって、いまも大半はこの町から出て、この町に帰ってくる。

さて何年前になるか、大震災以前が遠い昔のことのように思えてならないのだが、たかだか数年である。くわしい人に手引きされ、伝承館を出発点にして気仙大工の腕と気風を伝える建物を見てまわったことがある。寺の山門、三重塔、旧本陣、神社、それに民家をいくつかめぐって行った。気仙大工の特徴の

小友町の気仙大工左官伝承館（2011年５月）

一つだが、宮大工のように社寺を手がける一方で一般の民家もつくる。また建物だけでなく、欄間の彫刻、戸袋の飾り、家具類もつくる。必要とあらばその場の板切れで、鍋の木蓋や下駄もつくる。たのまれると「できない」とは決して言わない。

大船渡市日頃市《ひころいち》の長安寺山門は寛政十年（一七九八）の造営で、小友村松山の五郎吉率いるメンバーが手がけたという。ソリの大きな大屋根、太くたくましい楼門の木組み、専門的には一階と二階の垂木がちがえてあるというが、全体が大きく腰をすえて不動の姿勢をとったなかに無限の動きがこもっていて、圧倒的な重量感がある。五郎吉棟梁は、よほど腕の立つ仲間を選りすぐってきたにちがいない。総ケヤキだが、仙台藩から分不相応《ぶんふそうおう》と咎められ、「欅《けやき》ではなく槻《つき》である」と言い逃れたとか。槻も字がちがうだけで欅だが、江戸時代の役人はそんな応答でことを穏便にすませたらしい。五郎吉チームとしては一世一代の大仕事であって、自分たちの技量のすべてをそそぎこんだとみえる。

小友町の西隣りが米崎町で、そこの普門寺に美しい三重塔がある。相輪の先端まで一二・五メートル。木組みが埋もれるほど彫刻がほどこされているが、杉の大木がそびえ立つなかにあって、煩瑣にわたらず優美ですらある。これも専門家の言葉だが、つくられた文化六年（一八〇九）のころ、この地域でも「木割り」の手法が完成していたにもかかわらず、わざとのように規矩を無視してつくっていて、気仙大工の気風が見てとれる。

宮城県金成《かんなり》町の佐藤家は旧本陣をつとめた家で、長屋門、御成門、玄関、書院などが、江戸中期の様式をよく伝えている。記録によると、気仙大工六〇人余が普請にあたった。屋根庇《ひさし》は「くだりせがい」づくり、書院長押《なげし》に「ねずみばしり」が見られ、どちらも気仙大工の大きな特徴だという。戸袋一面に華麗な細工がしてあって、これまた建具職人を兼ねた気仙大工ならではのことだそうだ。

手引き役が地元の人なので、まわったのは気仙地方だけであるが、もともと気仙大工は南は関東、北は北海道までチームを組んで出稼ぎに行った。たまたま代表作を地元で見ただけで、ひろく探せば東日本一帯に特色のある建物が見つかるはずだ。少しは目が慣れたので陸前高田にもどったあと、気仙大工特有の入母屋屋根の民家を見ていて「それらしい建物」を目にとめると、いちいち車をとめてもらった。いくつかは正解だったから、それなりに勉強をこなしたわけだ。

なぜ小友町が技術家集団の故里になったのか？　案内してくれた人は、親につれられて「山遊び」をしたからだと言った。箱根山は市民の森になっているように、幼い者にも入って行ける。山道は北の通岡峠《みちおか》を越えると氷上山に至り、山並みは切れ目なしに北上山地へとつづいている。北上高地とよばれる早池峰《はやちね》一帯ほど高度がなく、山遊びにちょうどいい。気仙大工には、曲がった木を巧みに梁《はり》に組みこむ「梁算段」の技法があって、それを格子や階段に応用する。サイン代わりの特技だが、幼いころからの山遊びでつちかった勘があってのことだろう——。

そのとおりかどうかはともかくも、木をよく見ることが大工修業の第一歩とすると、小友の匠衆は幼いころから木と親しんできた。裏山づたいに長大な北上の森へ入って行ける。雪や寒風のなかで曲がった木は、まっすぐな木よりも段ちがいに硬度がある。まっすぐな木に加えて曲がった木を活かすと、より強固な家ができる。大津波の引いたあと、何ごともなかったように他人の地所にのっかっていた家屋は、まさしく数百年の技術が生み出した「強い家」のあかしというものだった。

気仙地方を歩いたときに知ったのだが、建物にかぎらず言葉や習わし、祭礼などにも共通したものがある。漁網の編み方、修理の仕方なども、南の石巻《いしのまき》辺りとはかなりちがうらしい。

言葉に関しては大船渡市の医師山浦玄嗣《やまうらはるつぐ》氏が『ケセン語大辞典』(無明舎出版)を編んで、その共通性と独自性を立証した。上下二巻二八〇〇ページに及び、一地方の日常語をこれほど丹念に集め、その使い方を通して生活文化の豊かさを示した例は、世界に二つとないのではなかろうか。

ちなみに『ケセン語大辞典』下巻「津波」の項には、例文として当地のことわざ「津波てんでんこ」が掲げてある。津波が押しよせてきたら「各自で全力で逃げろ」の意味。とにかく自分の命を守ることに専念せよ。明治二十九年（一八九六）の三陸沖地震に際して大津波が押しよせ、死者二万七〇〇〇を数えた（『日本史年表（増補版）』岩波書店）。二〇一一年とほぼひとしく、正確には死者が半分、のこりの半分は行方不明というかたちだったのではなかろうか。家族を助けようとして多くの人が波にのまれた。ことわざの背後には、そんな苦い体験がひそんでいる。

一九一九年、ドイツでは第一次大戦の荒廃のなかでバウハウスが生まれた。建築家グロピウスが中心になって開いた学校だが、学校とは言わず、「（建築の）現場」を意味する「バウハウス」をあてた。建築だけでなく、美術、写真、映画、デザイン、ダンス、工芸、織物など、ひろく造形全般にわたる新しい教育の場になった。

学校と言わず「現場」と言ったように、先生は教師ではなくマイスター（親方、棟梁）である。理論だけでなく実践を重んじて、町の大工や石工や織り工が教壇に立った。絵の具のまぜ方は大切だが、それに劣らずセメントのまぜ方も大事なことであり、カメラショットの切り方は重要だが、織り糸の結び方もひとしく学ぶべきことだからだ。

ひろく門を開いて外国の若い人を受け入れた。バウハウスで学んだ日本人もいる。やがてドイツではナチ党が力を得て、全体主義へとなだれこむ。民主的なバウハウスも息の根をとめられたが、一〇年余の活動で育った人たちが各地にちらばり、遠くアメリカにも精神が受け継がれた。

大震災後の東北復興プランのなかに、バウハウス的な学校の設立は考えられないか？陸前高田は町は失ったが、伝統の技術をもつ人はどっさりいる。気仙地方の大工にかぎらず、釜石の鉄工業、石巻の水産業、陸中の各地に親しい音頭や踊り、造形、技術、芸能を通して人間教育の場をつくる。かつてのドイツのバウハウスのように、行政は土地と資金の提供にとどまり、運営は「現場」のリーダーたちにゆだねればいい。

場所は陸前高田市の高台はどうか。町並みは壊滅したが、広田湾を見下ろす高台は桃、桜がいっせいに花開いた。灰褐色に濁っていた海が蒼さをとりもどし、エメラルドグリーンに輝きだすとウミネコの乱舞がはじまるだろう。観光物産協会のスローガン「花咲き、海光り、山笑う」がもどってくる。

ドイツのデッサウの町にはバウハウスの建物がのこされている。一九二〇年代にすでに鉄骨とガラスの建物をつくり、三つの棟が翼のように結ばれていた。教える側と、創るためのアトリエと、生徒の居住の棟とが平等につながれていた。校舎がすでに新しい思想の表明だった。わが夢のなかでは東北バウハウスの本校と分校が、北上の山並みに点々とちらばっている。それは「匠の森」と名のってもいいのである。

# 第四章　鮭をよぶ森（新潟県村上）

新潟県村上市にあるイヨボヤ会館は鮭の博物館である。横長の大きな建物に、子供をおんぶしたかたちで二階、三階がのっていて、二階部分の白い壁に巨大な鮭のオブジェが躍っている。長さ九メートル、幅二メートル、実物の約一〇倍にあたるそうだ。「イヨボヤ」はこの地方の方言で鮭のこと。

市中を流れる三面《みおもて》川のほとりにつくられていて、地下の連絡通路が鮭観察自然館と結んでいる。特殊ガラスで水面と仕切られており、居ながらにして水中をながめられる。アユ、ヤマメ、ウグイ、おなじみの川の住人たちが目の前にいる。魚たちにとっては川全体がマイホームであれば、季節ごとに顔ぶれが変わっていく。北越に冬が訪れ、雪が舞いはじめると、鮭が産卵のためにのぼってくる。運がいいと産卵のシーンに立ち会える。

一つの魚に大きな博物館が捧げられたのは、それだけ町と鮭との関係が深いからだ。鮭漁自体はとりわけ北国で古くから行われてきたが、村上では江戸時代にすでに鮭の保護増殖のシステムを完成していた。十八世紀半ばのことであって、世界の水産史上でも類をみないユニークな資源保護思想が実践されていた。

鮭は不思議な生態をもっている。海魚であっても産卵は川でする。しかも自分が生まれた川にもどってくるらしいのだ。「日本系サケ」は、現在はほとんど人工孵化《ふか》した稚魚の放流によって維持されており、幼魚から成魚への回遊経路もほぼわかっている。幼魚のころはオホーツク海、それがベーリング海から北太平洋へと移動する間に成魚になる。

北太平洋一帯に分布していたのが、産卵期を迎えると、何千キロかを回帰してくる。広大な海にありながら、どうやって自分の生まれた川を探し当てるのか？　一説によると鮭の体内に太陽の位置をはかるしくみがあって、それによって自分の位置を判断しながら元の場所にもどってくる。べつの説では稚魚と親魚の通り道が同じなので、いちど通った道を記憶しているせいだという。ほかにも地球の磁気を感じ取るとする説や、生まれた川の匂いを覚えているとするもの、海流や海水温度、塩分濃度を探知しつつ回遊するというもの。いろいろな説があるのは、よくわかっていないからである。鮭のもつ神秘的な能力には現代の最新科学も歯が立たない。

三面川は本州中央部の朝日連峰を水源にして、一路西下して日本海へと注いでいる。川幅はさほどでもないが、水量が多い。河口近くで急に川幅がひろがり、南寄りの突端はかつて瀬波湊《せなみみなと》として北前船が出入りした。現在は小型漁船とヨットの船だまりで、防波堤をはさみ弓状の砂浜がひろがっている。松林の向こうは石油採掘のときに見つかった源泉にはじまる瀬波温泉である。

北寄りには、うっそうとした森がひろがっている。木々がかさなり合い、モコモコと丸みをおびて、全体が大きな緑のかたまりをつくっている。江戸のころ村上藩は「お留山」として山林奉行を置き、厳しく禁伐にした。鮭にとって大切な森であることを知っていたからだろう。稚魚は海へ出て行く前に河口部で数ヵ月を過ごして「体力」をつける。産卵のためにもどってくるとき、河口部の匂いを目じるしにするのではあるまいか。人々はそう考えて、「鮭をよぶ森」とよんできた。

突端近くに緑のあいだから赤いものがのぞいている。多岐神社といって、タキツシマヒメノミコトを祀ると言われている。昔から漁の神さまとされてきた。お留山として山林奉行を据えるだけでなく、神の威光をつけ加えた。神さまの目に見守られていれば、愚行好きの人間でも、まずもってひどいことはしないだろう——古人は人の生理をよくこころえていたといえるのだ。神の御加護あってか、鮭をよぶ森は今も旺盛に繁り、雄大な緑の袋として川をやさしくつつんでいる。

国道345号線が村上市中から海沿いを北上している。最初の三角に突き出たところを岩ヶ崎といって、かなりの高みから一気に海へ下っていく。「笹川流れ」とよばれる岩礁《がんしょう》がつづくのは少し北寄り。

つまり三面川をはさみ、北は岩地帯、南は砂浜と、くっきり地質がちがっている。日本海の荒波で岩が削られ、海流が川向こうへと運んできた。おのずと河口部は広々とした砂州をつくり、これを抱きこむかたちで岩ヶ崎につらなる高台に深い森が形成された。

国道から河口右岸に下りると、人ひとり分の歩道に入る。「明治四十四年五月九日　魚つき保安林指定」の標識があって、正式の地番は村上市岩ヶ崎多岐山七八五・七八六番地、

三面川河口の森

総面積二・四二ヘクタール。
川べりの岩が露出しているところは歩道橋が架してある。それも人ひとり分の小さなものので、神社と同じ朱まじりの赤。だからこの歩道が森へのものではなく、「お多岐さん」詣《もうで》の参道だとわかる。
鳥居近くになると古木が覆いかぶさるように枝をのばしていて、昼なお暗い。高さ一〇メートルほどの瀧《たき》があって、洞穴のようにへこんだところに何の像ともしれぬ石像が一つ、ぐるりにしめ縄がめぐらしてある。これからの森巡りの無事を祈って、鈴を鳴らし、入念にお参りをした。
信仰心はなくても手を合わせると気がすん

だここちがするもので、すぐさま見物人に早変わり。本殿の壁に何十もの絵馬がぶら下げてある。拝み絵馬と言われるものだろうが、絵柄は一人のもの、二人のもの、三人のもの、五人のものとさまざまだ。「奉納」「願主」とだけあって、祈りの目的は秘して告げない方式らしい。女一人だと良縁祈願、男女だと夫婦円満、これに赤子が加わると家庭安寧、このあたりは推測がつくのだが、なかには男一人に女二人、あるいは奇妙なかぶり物をつけた女一人などもある。人の心は複雑だから神さまもタイヘンだ。

よく見ると本殿は大岩にのっけて木組みがしてあって、前に板場が張り出している。おかげで河口一帯をじっくり観察できる。

多岐山全体が岩山なのだろう、川と海の接する辺りは波に削られ、岩が平べったい台地状になっている。河口から川上にかけては広大な水の帯で、はるかかなたに朝日連峰が大きく左右につらなっている。巨大な山容は豪雪で知られ、山裾から山麓にかけて豪雪地帯特有のブナで覆いつくされている。そこから流れ出る水であって、鮭には一度覚えると忘れられない味わいがするのではあるまいか。

保安林は人間の散策を考えていないので道がない。森は天然更新が原則で、わずかに成木の見込みのない場所や、樹種林相の改良のときに手が入るだけ。落葉、下草、土石の採取も禁止。

それでもケモノミチに似たのが縦横に走っていて、急斜面を四つん這《ば》いですすめば廻っていける。自分もまた一匹のケモノになればいいのだ。山深いところだと不安だが、すぐ上を国道がのびていて、樹間の静けさを破り、やにわにけたたましくオートバイの音がしたりするのである。

幹にかきついたり、両足を踏んばって樹冠を見上げたり、けっこう忙しい。ヤブツバキ、カシワ、タブノキ、主だった樹種はこの三つ。エリアによってどれか一つが主で、あとの二つは副の分布。まんべんなく混成したところもある。岩場が露出した辺りはササ、ススキ、ヨシが密生している。

タブノキは暖かいところで自生して大木になる。クスノキ科に属して、葉が肉厚で深い緑色をしている。北越、それもこれほどの北辺に樹林をつくっているのは珍しいだろう。くわしくたしかめたわけではないが、タブノキの北限にあたるのではなかろうか。

魚つき保安林として特に大きいというのではないが、河口の突出部を密度濃く覆っており、魚の好きな暗所をつくって風波を防ぎ、プランクトンを繁殖させる。三面川生まれの鮭たちは成魚となってのちにも、たえず帰郷の思いに駆られていたにちがいない。

イヨボヤ会館のかたわらに、日本刀を差した武士の銅像が見える。青砥武平治《あおとぶへいじ》（一七一三―八六）といって、十四歳で出仕したとき村上藩三両二人扶持、その他大勢組の一人だった。

横川健『三面川の鮭』（朝日新聞社）によると、当時、三面川の鮭漁は不漁つづきで、入札を求めても応じる者がない。入札者が支払う運上金が藩の大切な収入源であって、それがとだえた。それまで何度も鮭の乱獲禁止の制札が出されているから、産卵にのぼってくる鮭も稚魚も、みさかいなく獲った結果である。

三両二人扶持の下級武士は鮭の生態をよく観察していたらしい。冬にのぼってくる鮭のための分流をつくり、そこへ魚群を導いて産卵させ、春に本流へ帰してやればいい。鮭の種を確保する「種川」であって、そのための川普請を献策した。

青砥武平治より半世紀ばかりあとのことだが、越後・魚沼の人鈴木牧之《ぼくし》が『北越雪譜《ほくえつせっぷ》』を書いて、そこに鮭を考察したくだりがある。「産卵には流れがゆるやかで、水のきれいで、砂に小石が混じっている」ところを好む。

「私はつねづね考えているのだが、寒気のころに捕れた鮭の卵に男魚の精子をしぼりかけ、川の砂や小石に混ぜ、瓶のようなものに入れる。これを鮭のいない地方の川に沈め、三年間は禁漁とする。いずれその川に鮭があふれるのではなかろうか」

鈴木牧之は商売から退いたあと、学問好きの隠居として過ごした。鮭の人工孵化のアイディアをどこで得たのかはわからないが、同じ北越・村上の種川のことは聞いていただろう。川普請は三〇年の長きにわたったが、青砥武平治の晩年にはほぼ完成していた。工事と合わせ「種川の制」を定め、保護繁殖にとりくんだ。苦労のかいがあって鮭が川にもどってきた。運上金は年々増加して、やがて千両をこえた。その功を認めてだろう。生みの親武平治は七〇石取りの武士に出世した。

明治になって藩の漁業権は国のものになった。失職した士族が請願して権利を譲り受け、「種川の制」による天然産卵保護増殖とともに人工孵化増殖にとりくんだ。明治十一年(一八七八)、孵化場を建設し、全国でもっとも早く鮭の人工孵化を成功させた。きっと知恵者がいたのだろう、明治十五年(一八八二)、村上鮭産育養所を設立。鮭漁の収益を治水や増殖の公共事業、また慈善や教育にあてる。それを統括する団体である。事業は明治、大正、昭和二十年代まで七〇年間つづき、多くの若者や娘がこの育英資金で勉強した。「鮭の子」は人間にも及んでいたわけである。

ふつう「鮭の塩引き」というが、村上の鮭商「喜っ川」のご主人によると、当地の塩引きの「引く」は、昔の女性が化粧のときに「眉を引く」「紅を引く」といったときの「引く」だという。眉や唇の美しさを引き立てるために墨なり紅を添える。お膳《ぜん》を引き立てるための「引き出物」とも同じ使い方。

「鮭の美味しさをより引き出すために塩を添える塩使いを『塩引き』というのです」(『三面川の鮭』より)

同じ塩使いでも村上の鮭がどうして一段と旨いのか？　一つはフォッサマグナの北側にあって、独特の季節風が吹くこと。二つには、「大水戸《おおみと》」とよばれている三面川の河口部で、鮭は川のぼりの準備をしてきた。真水が入って細胞破壊を起こさないように、体内のナトリウムイオンを体外に排泄《はいせつ》して浸透圧の調整をし、それから遡上《そじょう》にとりかかる。海へ出ていくときと同じく森のふところで「体力」をととのえた。

この間にオスは身の赤い色素を肌に移して婚姻色を出し、メスに近づく、鼻がしゃくれて口が大きくのびているオスこそ、鮭の世界の男前である。塩引きにあたっては同じ大きさの鮭でも、鼻のしゃくれぐあいで塩使いをちがえるそうだ。

村上の町を歩いていて、ふと目を上げると家々の軒下に鮭が頭を下にしてぶらさがっている。海からの風にさらされた鮭がいちばん旨いのだ。はらわたをとったあと、腹部に二ヵ所、心張り棒を入れる。そのため赤みを帯びた大小のひし型が二つできる。以前は「塩引き街道」と言ったそうだが、通りにズラリと塩引き鮭がつらなっている。いずれ劣らずヒレがきちんと左右にのび、下顎《したあご》がグイととび出している。鮭の大群が列をつくって、空中遊泳しているようだった。

# 第五章　華族の森（栃木県那須野が原）

　一般には那須《なす》高原、また那須御用邸で知られている。あるいは那須国際カントリークラブ、那須ハイランドパーク、那須ロイヤルホテル……。

「那須高級別荘地、売り出し中」

　そそっかしい人は軽井沢のような白樺に囲まれた別荘やテニス場を連想するかもしれない。だがそれは行政的には栃木県那須町の那須湯本に近い辺り、地理的には那珂《なか》川以北の上流域にかぎられる。那須岳南東麓の扇形をしたところで、戦後に開拓地としてひらかれ、やがてそこへ別荘分譲が押し入ってきた。

　ここに言う那須野が原は那珂川西南にひろがる台地で、行政上は那須塩原《しおばら》市、大田原《おおたわら》市にまたがり、さらに広義には矢板《やいた》市の北部を占める伊佐野《いさの》を含めている。同じく扇形をしているが、那須高原の何倍もの広さをもち、地理的には那珂川から西の熊《くま》川、蛇尾《さび》川、箒《ほうき》川にかかる約四〇〇平方キロに及んでいる。

那須火山帯がつくった広漠とした原野であって、かつて奥羽街道でここを抜けて白河へ出るまで、旅人は一歩ごとに肝を冷やした。連歌師宗祇《そうぎ》のような旅のベテランでも、「いかでかゝる道には命もたえ侍《はべ》らん」と『白河紀行』につづっている。そのせいか悲しげな歌ができた。

歎かじよこの世は誰もうき旅と思ひなすの〻露にまかせて

『奥の細道』に踏み出してまだまのない芭蕉は、草を刈っている男から「此野は縦横にわかれて、うひ〳〵しき旅人の道踏み違《たが》へん」ことを言われ、相談したところ、男が馬を貸してくれた。この馬の「とゞまる所」で返してくれればいい。ようよう人里にきたので「あたひを鞍《くら》つぼに結付《むすびつ》けて馬を返しぬ」。現在の「代行タクシー」にあたる馬がいたわけだ。

明治十八年（一八八五）、地元有志の手により那須疏水が完成した。那珂川の上流部木《き》の俣《また》より水を引き、枝分かれしながら扇状地をよぎるかたちで下っていく。ついで共同出資による那須開墾社が設立され、大がかりな開拓事業が始まった。

ここまでは明治維新のあと全国に見られたケースだが、那須野が原の場合、一つの点できわだっていた。開発の中心になったのは那須開墾社ではなく、「華族農場」だった。おりからの不況の影響で出資がままならないことを知ると、「維新の元勲」と言われた人たちが農場経営にのり出した。大山巖、西郷従道、松方正義、ドイツ公使をつとめた青木周蔵、山形県令、栃木県令などを歴任した三島通庸《みちつね》、さらにひときわ大物の山縣有朋。

明治中期に本格化した事業は大正に入ったころ、大きく野のすがたを変えていたのだろう。そのころの人気紀行作家・谷口梨花の『汽車の窓から　東北部』（大正八年）にしるされている。当時、西那須野駅と塩原温泉を結ぶ鉄道があって、その車窓からの報告だが、古書の伝える荒涼とした往古の那須野が原は、「故三島通庸氏、続いて松方、大山、西郷、青木、乃木氏など」の手によって、いまや「日本本州に於ける大農式の農業の模範場」になったというのだ。

ＪＲ東北本線矢板駅前から県道を北へ車で二〇分ばかり走ると、Ｙ字路の中に「山縣有朋記念館」の標識が見えた。左の細い道に入り、しばらくすると急速にまわりの風景がちがってきた。これまでは何軒かが集落をつくっていたが、それがとだえて、右、ついで左、また右、また左というふうに一軒ずつが交互にあらわれる。どの家も大きなつくりで、それも道路沿いではなく、わが家専用の道で入っていく。だから定規をあてたような直線の道が右、また左にあらわれる。旧来の農村ではなく、辺り一帯が計画的にひらかれたことが見てとれる。

山縣農場は上伊佐野、下伊佐野にまたがる土地の名をとって「伊佐野農場」とよばれていた。箒川の西、天沼《あまぬま》川とのあいだにあって、七三四町歩《ちょうぶ》(約七三四ヘクタール)。明治十九年(一八八六)、縁故払い下げにより山縣有朋の所有となって入植者を募った。当初は九軒、明治三十六年(一九〇三)までに三三軒が移ってきた。のちに少し条件が変化したが、少なくとも当初の入植者には、事務所直営地の賦役《ふえき》を毎月三日、年間三六日を一五年間つづけると一町七反歩《たんぶ》(一・七ヘクタール)の土地を与えるという契約だった。

那須野が原からハミ出して西かたにあるのは、山縣有朋が農場経営にのり出したとき、広大な扇状地の大半がすでに他の華族たちに認可ずみであったからだ。主だったものを面積順にあげると、つぎのとおり。

千本松農場（松方正義）　一六四〇町歩
青木農場（青木周蔵）　一五七六町歩
毛利農場（毛利元敏）　一三二六町歩
三島農場（三島通庸）　一〇三七町歩
伊佐野農場（山縣有朋）　七三四町歩
大山農場（大山巖）　二七三町歩
西郷農場（西郷従道）　二四八町歩
傘松農場（品川弥二郎）　二三九町歩

維新の元勲たちがどうして那須の原野の開発にクツワを並べるようにして加わったのか、くわしいことはわからない。一つ考えられることは、地元に設立された開墾社への出資がすすまないことを知り、三島通庸がまわりに声をかけた。かつて栃木県令として大々的に道路づくりをした。その際、土地の篤農家たちとネットワークを築き、那須疏水の開通にも一役買っていた。肝心の開拓事業が頓挫《とんざ》しかねないと聞いて、華族たちへの斡旋《あっせん》の労をとったのではあるまいか。

官有地の払下げにあたり、特権的な地位が有利にはたらいたことは十分に考えられる。ともに一つの心理的事情もあずかっていたような気がする。彼らはいずれも下級武士の出身であって、農地所有と縁がなかった。明治政府が手本としたドイツの政体は、ビスマルクをはじめとする北方プロシアのユンカー（地主貴族）たちによって構成されていた。那須野が原開発に加わることによって、名ばかりの華族から一挙に自分たちの理想とした豪族になることができる。

それかあらぬか、どの農場もプロシアのユンカーたちがとっていた方式を採用した。実際の運営は土地にくわしい地元民にゆだね、自分たちは狩猟や年中行事のときに出向くだけ。かわりに子飼いの者を支配人として派遣して管理させ、くわしく報告させた。

旧プロシアには、かつてのユンカーたちが建てた豪華な別邸が残っていて、現在は観光名所になっているが、那須野が原一帯も多少ともプロシアと似ている。松方別邸、大山別邸、毛利別邸、三島別邸……。いずれも洋風のつくりで、農場内につくられるか移築された。プロシア・ユンカーの石造りの城とは大ちがいだが、由緒ある豪族をまねた元勲たちの可憐《かれん》な夢をとどめている。

契約による入植者への払下げ、小作人への無償払下げ、さらに戦後の農地改革により、かつての華族農場があとかたないまでに姿を消したなかで、山縣農場がよく旧態をとどめているのは、当初から造林、また山林経営に力をそそいできたからである。

小さな川をはさみ第一農場、第二農場と区分されているが、そのどんづまり、左右の門柱の一つは「山縣エンタープライズ（株）」、もう一つは「栃木産業（株）」、農場は戦後、会社組織に衣更えをした。右手に事務所、左手に作業車倉庫、砂利道をたどっていくと山縣別邸の前にくる。日本の近代建築のパイオニア伊東忠太《ちゆうた》の設計で、明治四十二年（一九〇九）、小田原の隠居所古稀庵《こきあん》に建てられたが、大正十一年（一九二二）、有朋死去。翌年の関東大震災で倒壊したのを、嫡男伊三郎《いさぶろう》が農場に移築した。ごく簡素なもので、プルシアンブルーの壁、白いワクどりの大きな窓、屋根には昔のプロシア兵の兜《かぶと》のようにトンがったのがのっている。

おさだまりの礼服や勲章、遺品が展示されているが、記念館の最大の宝物は、手書きの巻物だろう。『伊佐野農場図稿』といって、明治二十五年（一八九二）、支配人格で東京から赴任した森勝蔵《かつぞう》という人物によってしるされた。オリジナルは現在、裏打ち、表装がされているが、もともとは画文を巻いたかたちで残されていたと言う。農場の地誌、農作業、入植者の暮らし、農具、運営上の問題等々が、おどろくべき克明さで記録されている。農場経営が軌道にのり出したころの報告であって、山縣農場にかぎらず那須野が原全体の華族農場が、ほぼ同じ

山縣有朋記念館

ような状況にあったのではなかろうか。

たとえば入植者の住居のこと。

「……未《いま》ダ通常ノ家屋ニ住ム能《あた》ハズ。概《おおむ》ネ掘立小屋ニシテ茅稿《かやわら》或ハ板杉皮ヲ以テ之ヲ囲ヒ、入口ハ古莚《ふるむしろ》ヲ下ゲ、或ハ茅ヲ綴《つづ》リシ扉戸ヲ付シ……」

巧みなスケッチで描きこみ、住人の名前、出身、家族をわきに加えた。粗末な住居だが、すぐ前に「自分開墾田地」とついていて、から手で移住してきた人々が自分の土地という大きな希望をもって荒地に向かっていたことが見てとれる。墓地の形状も絵解きされており、入植後数年で何人か死者が出た。土盛りされたのがすでに埋没しかかり、墓標も見当らなくなった。誰もが生存に精一杯で、死者の供養にまで手がまわらなかったのだろう。

「ナラシ板　俗ニ押込棒ト云　又横棒トモ称スト　一尺六寸六分　柄長四尺七寸三分」

農具のスケッチには各部の寸法がつけてある。「鋸《のこぎり》　銘ニ云　中屋助左衛門作　（幅）四寸　（刃わたり）一尺五寸二分　（背）二尺壱寸　（柄）五尺六寸余」

「箕輪《みのわ》窪《くぼ》後《うしろ》杉苗植」

地元の人が育てた杉苗八五〇本を買上げ、山にくわしい者に植えさせた。図稿には巻末に主人有朋にあてた提言が付されていて、そのうちの二条が山林経営にわたっている。山縣農場が、創設の早い時期から森づくりをめざしていたことがうかがえるのだ。昭和十二年（一九三七）、三代目山縣有道《ありみち》が作成した『山縣農場要覧』にある。

「直営事業は殖林および製炭を主とし、農耕を副とす。而《しか》して殖林材は専《もっぱ》ら立木売却の主義を採り、製炭は徒《いたず》らに大量生産をなさず、優良品の産出を目指し居り」

いい後継者にめぐまれた。有道のあとの有信《ありのぶ》の死後、妻睦子《むつこ》が山林経営を引き継いだ。その著書『木を育て森に生きる』（草思社・一九九八年）にくわしいが、お嬢さま育ちの奥さまが、突然ふってわいた責任を負い、まわりの実務家の知恵を借りながら、もののみごとにやってのけた。そこには「山縣農場の森林の概況」として、スギ、ヒノキ、アカマツ、針葉樹、広葉樹が、まるで家計簿をつけるように樹齢別にきちんとまとめられ、約四〇〇ヘクタールの山林は樹木に寄りそうようにして維持されてきた。実験林としてヒノキによる良質材生産林、またスギによる高林齢大径木《こうりんれいたいけいぼく》生産林があって、地質調査、下刈り、除伐、間伐、枝打ちの施業履歴が克明にしるされている。上木と下木の二段林のケースなどの貴重な記録もある。しきりに木材不況が言われるなかで、素人の女性が立派に経営を成り立たせてきた。

昭和三十五年（一九六〇）だというが、むろんまだ自分が山林に携わるなどとは夢にも思わなかったころである。当時、鎧戸《よろいど》を閉めたままで陰気な建物だった洋館に、小学生だった子供の夏休みの自由研究のテーマにならないかと思って入ってみたという。道具類の置かれた部屋に大きな木箱があって、何の気なしに蓋《ふた》をとったところ、古い測量図の下に無雑作に巻かれたものがあった。手漉きの和紙に墨書で「伊佐野農場図稿」とタイトルが付されていた。

一〇年ばかりして表具屋に裏打ちと表装をしてもらった。農場開設当初の作業や生活が丁寧に書かれているという印象だったが、やがて夫が急逝し、跡を継いで農場の責任を負うようになり、改めて図稿をひろげたとき、「まったく別の視点から内容が見えて来た」。

とびきり貴重な記録は七〇年間ちかく埋もれていた。そして発見から四〇年後、当の女性が画文を同時に活字で見られる工夫をして公刊した。本になる過程で、それまで謎の人だった森勝蔵のことが判明してくる。刊行本『伊佐野農場図稿』（草思社）として、鎧戸を開かれた明治の洋館が美しく甦ったように、一人の誠実な記録者の手記が歴史の中に生きはじめた。

記念館の背後をうっそうとした森がつつんでいる。沢づたいに上がると八方ヶ原《はっぽうがはら》だ。森勝蔵は主人有朋に提言した。「老天林一時ニ伐採スル事」、古木が野ざらしのままだが、手をつけるのはどうか。伐採後二〇年をみこめば自然更新により新芽が成木して必ず良林をつくるし、利益も出る。「冀《こいねがわ》クハ速《すみやか》ニ御英断アランコトヲ」

記念館の古写真はヒゲ、ポーズ、外套姿がビスマルクそっくりの山縣元帥を伝えている。和製ビスマルクにかわり、一人の女性が果敢に英断をくだして良林をつくってきた。

# 第六章　王国の森（埼玉県深谷）

埼玉県北部の深谷《ふかや》市は「渋沢栄一の生まれた町」をキャッチフレーズにしている。はじめは官に出仕したが、三十代以後は実業に携わり、みずから興したり名をつらねた会社は五〇〇あまり。よほど時代を見る目があったのだろう、ことごとくといっていいほど成功させ、引退後は社会事業に尽力。福祉、教育など関与した事業は六〇〇をこえる。昭和六年（一九三一）、九十一歳で死去。

生家は市中から北に約六キロ、血洗島《ちあらいじま》というかわった地名をもつ郊外にある。明治半ばに再建されたというが、大寺の山門のような門がまえの奥に白い漆喰《しっくい》でふちどりした大屋根がそびえている。もとは藍玉商《あいだま》だったというが、「栄一」というめでたい名前を受けた長男は、その名のとおり栄えある実業の王国を築き上げた。

鉄道をはさんで反対側の南に六キロばかり、渋沢生家と対称的な位置にべつの王国がある。こちらは生まれてまなしなので、まだほとんど知られていない。実業王国は人間が王さまで金銭を支配しているが、こちらは森が王さま、鳥や虫たちが后さまで、人間がこれに仕えており、支配するものはいない。その意味深さの点で言うと、大実業家をこえている。

「ふかや緑の王国かわら版〝なんじゃもんじゃ〟創刊号」(二〇〇九年冬発行)に、「建国までの足取り」が簡単にまとめてある。はじまりの「開拓」は二〇〇八年六月にスタートした。草刈り、剪定《せんてい》、除草、ベンチ作り、巣箱づくり、花壇の手入れ、案内板作製……すべてボランティアが力を合わせた。おのずと王国のスローガンが定まった。

「市民がつくり　市民が守り育てる　市民の森」

二〇〇九年二月二十一日、建国宣言。国連にはまだ加盟していないが、ちゃんと英語名も用意してあって、FUKAYA GREENKINGDOM である。国旗はむろん緑一色、そこに小鳥があしらってある。

東京を出てJR深谷駅に降りたとき、一瞬アッケにとられた。元の東京に舞いもどったぐあいなのだ。この身がなんと、赤レンガの丸の内駅舎に立っている。

平成八年（一九九六）、深谷産のレンガで〝リトル・東京駅〟としてつくられた。渋沢栄一は故里の振興を考えたのだろう、明治二十年（一八八七）、当地に日本煉瓦《れんが》製造会社を設立した。新生ニッポンの公共の建物や社屋は、木にかわるレンガと見越してのこと。たしかに東京駅、官公庁、病院、兵舎など、近代日本の景観はレンガとともに誕生した。関東大震災でレンガ建築のもろさがわかり、以後は下火になっていた。ところが近年、強力な化学接着剤の登場とともにレンガ造りが甦った。コンクリートのように冷やかでなく、鉄とガラスのように無機的でもない。赤味がかった渋い色合いが特有の懐かしさ、やすらぎを覚えさせる。味けない機能主義のなかで旧素材が見直され、伝統ある深谷レンガはいまやひっぱりだこだ。

ふつうコピー仕立ての建物は気恥ずかしいものだが、リトル・東京駅はてらいなく堂々と線路をまたいでいる。待合室が観光案内所を兼ねている。奥まったところはいかめしい駅長室ではなく市民の集会や行事用で、スポーツウェアのグループが中国式の体操をしていた。

駅頭の渋沢翁銅像に見送られ、タクシーで出発。振り返ると赤レンガがみるみる遠ざかる。県道深谷寄居線で西南に走ること一五分ばかり、辺りの緑が濃くなっていく。埼玉県は植木の盛んなところとして知られているが、深谷にも植木業の集中するエリアがあって、一つまた一つと道路に看板があらわれた。

「緑の王国」は生まれてまだ二年目である。当然のことながら赤土むき出し、ここかしこにブルドーザーの跡を想像していた。

「ハイ、ここです」

正門を入ると左手が駐輪場。車から降りて、キツネにつままれた思いがした。予期したのとはまるきりちがっていて、古木がうっそうと繁っている。門の周囲から三方にのびた道路に沿って、すべて緑、緑、緑。王国案内図によると、正面の広い道がハナミズキ通り、右手はせせらぎ通りといってスイレン池のほとりをめぐっていく。左手はカエデ通りで、カエデ苑《えん》を抜け、ホタルの小川を過ぎると王国通りに出る。ローズガーデン、サンクンガーデン、メディカルガーデン、牧場ガーデン、サステナブルガーデン、その前方に事務棟にある本館がある。

むろん、お伽噺《とぎばなし》のように魔法の杖《つえ》の一突きで生まれたわけではない。かつては埼玉県農林総合研究センター植木支所と言った。面積四万八〇〇〇平方メートル。南門を出ると花植木センターにつづいていて、県の農林行政の研究部門をになっていた。

その部門がよそと統合され、センターは長らく閉鎖されていた。用途が見つからず打ち捨てられていたわけである。木の枝はのび放題、水は涸《か》れ、道の半分に草がせり出し、作業小屋は傾いて門は錆《さ》びつき、本館のガラスは破れたまま。

王国かわら版の言う「建国までの足取り」に先立ち、リーダー格を中心に何度も打ち合わせや議論があったにちがいない。市に働きかける。県に申請する。中核となる「開拓ボランティア」の体制づくり。呼応して行政側の「ガーデンシティふかや推進室」が動き出した——。

王国の誕生には命名が必要だ。「部外者、立ち入り禁止」の標識で封印されていた元研究センターに、はじめて足を踏み入れた人々は、もしかするとグリム童話に出てくる一〇〇年の眠りについた王女さまの城を思い出したかもしれない。童話ではギッシリと茨《いばら》が繁

「ふかや緑の王国」入口付近

り合って城を隠していた。一面の緑が救いの王子を待っていた。となれば「緑の王国」の名称も、ごく自然に定まったと思われる。

ハナミズキ通りわきの一角に白い杭《くい》が立てられ、「ふかや緑の王国建国記念／開拓ボランティア一同」としるされていた。ほんとうは「記念」の下には文字があるのだが、はやくも草が勢いよくのびて杭をつつみこんだぐあいだ。その横手は「花仲間ガーデン」、イギリスのベス・チャトーという造園家の考えに倣《なら》って植物グループが四種に分けて植栽してある。

1　林の庭　林床の日陰を好む植物群

2　池の庭　湿地とその周囲の湿った土地を

好む植物群
3　芝生と日向の庭　芝生とその周囲の日向を好む植物群
4　スクリーベッド　砂利混じりの乾燥地を好む背丈の低い植物群

植物は日ごとに成長する。とともに陰の湿りや日光の当たりぐあい、土質も少しずつ変わっていく。おのずと植物グループの調和にも変化がおとずれる。花仲間の観察を通して興味深いデータが得られるはずだ。

ゆっくりうねった通りをブラブラ歩いていった。研究センター植木支所の遺産と思われるが、梅園があって八〇品種が保存園として栽培されている。添えられた「梅豆辞典《うめのまめじてん》」で知ったのだが、ウメはバラ科サクラ属の落葉高木で、現在は花見と言うとサクラだが、奈良時代以前はウメを愛《め》でたという。平安中期にサクラがとってかわった。「豆辞典」といった言葉からして、この物知り博士は中高年とよばれる世代ではなかろうか。

説明板つきの庭園はほんの一部で、ふかや緑の王国はスローガンにある「市民がつくり市民が守り育てる」の性格がはっきりと打ち出されている。その一つが本館前のサステナブルガーデンであって、「持続可能な」の英語があてられた。循環式と言ってもいいが、人糞《じんぷん》をベースにした肥だめ、落ち葉、生ゴミを堆肥にして、ミミズや微生物が分解して土にしていく。江戸時代から戦後の昭和二十年代まで、日本人が当然のようにやってきた畑づくり、庭づくりの方法だった。経済の高度成長と技術革新が、まるで古草履のように捨て去ったあげく、かわって残留農薬や地下水汚染や殺虫剤被害が押し寄せてきた。

緑の王国がスローガンにとり入れた「守り育てる」の方向がかいま見える。もはや人糞や肥だめにもどることはできないが、地力を回復させ有機的な農園づくりのやり方はいくらもある。作業・研修・農具室の裏手がひろびろとした野菜畑になっているのは、サステナブルガーデンの応用部門をになっているせいだろう。

本館は簡素な研究施設風のビルで、正面フロアが展示室を兼ねている。ちょうどバードハウスコンテストの結果が出たところで、さまざまな形、色、スタイルの巣箱が展示されていた。

鳥の審査の部

人間審査の部

向き合って二つのセクションに分かれ、入賞作の発表。「鳥の審査」とは何のことだ？

しばらくしてやっとわかったが、実際に巣箱を設置してみて、巣づくりぐあいをたしかめた。鳥と人間とは価値基準がちがうのだ。小鳥に審査員を委託する。その発想がうれしいではないか。

右手が事務室で電話の声、パソコンをにらんでいる人、談笑中の人。白髪組と若い人が混在していて、雑然とした部屋なのに、そっとのぞいただけでもいきいきとしたハナやぎが感じとれる。

「ようこそ　緑の王国へ
　初任者研修　二階大会議室」

壁に開拓ボランティア隊員の表札と赤い紐つきの名札がズラリとかかっている。第一期生であって、地味な作業をやりとげて建国にこぎつけた。サステナブルガーデンのプレートには、プランナー二人、コーディネーター四人、ガーデンデザイナー一人、ガーデナー四十数人の名前がしるされていた。昭夫、栄一、春之助、國士、常五郎、すみ子、あき子、千恵子、光子……。そのオーソドックスなお名前からも、おおよその年齢が推定できる。

王国が建国時の若々しさを失わないためには、つねに人が加わり、市民の交流の場のひろがりが必要だ。行政側と手をとり合って市民の森を実現した聡明なリーダーたちは、組織が固定するときの弊害をよく知っている。たえず新任者を迎え、夢とエネルギーをバトンタッチして活性化していかなくてはならない。

樹名板作製班、王国花咲人、王国やきもの班、野鳥班、ホタル呼び戻そう隊、薬用植物班、炭焼き隊、かわら版編集員……人それぞれに個性があり、春之助や光子世代は人生の蓄積のなかで得意ワザを修得してきた。国づくりに生かさない手はないだろう。言うまでもないことながら、みずからの意思とたのしみからはじまるとき、予算ずくの事業よりも何倍かみごとにやってのけるものなのだ。

緑の王国が幸せなスタートをきったのは土地と人を得たせいだが、町自体の特質と方針が下地になっていたのだろう。深谷の町は「深谷ねぎ」の産地として江戸時代から知られていた。その伝統を巧みに生かして「野菜王国ふかや」を合言葉に農業の振興につとめてきた。深谷駅の観光案内所には、ねぎ料理、やまと芋《いも》、とうもろこしなど、一点ずつの丁寧なレシピが用意されていて、深谷産の作物のこと、生産者、食べ方がカラー写真つきで紹介されている。城趾《じょうし》公園を見てほしいが、たこ焼風やまと芋揚げも食べてほしいのだ。

土の産物を観光スポットの仲間入りをさせる考え方がすばらしい。

平成十六年（二〇〇四）、深谷市は「ガーデンシティふかや構想」を策定、そのための推進室を設置した。呼びかけに応じて市中の花好きが集まり、しだいに仲間がふえていった「深谷オープンガーデン花仲間」が誕生した。オープンガーデンはイギリスではじまった運動で個人の庭を見せ合うことによって情報交換をし、花栽培技術の向上をはかり、人と人とのつながりをひろげていく。花が人の輪の仲介をする。

二二軒ではじまった花仲間が、わずか五年で八〇軒にふえた。『２０１０深谷オープンガーデンブック』は広告を入れて二四〇ページ。仲間たちはわが庭だけにとどまらず、NPO法人「地域環境創造交流協会」をつくって市道の花壇の管理や花フェスタを実践している。

目抜き通りの銀行が支店を閉じると聞いて、すぐさま自主上映の映画館をひらいた人がいる。いつまでも借家は窮屈となれば、元造り酒屋の広い敷地の一角に、東京のロードショー劇場顔まけのシャレた映画館を実現した。町の補助金や企業のおこぼれにたよらず、市民たちの基金で「深谷シネマ」を実現したのだ。

「帰りに寄ってくかナ」

のんびりベンチにすわっていた。ベンチ製作グループは設置にあたり、場所を考え、向きを工夫し、さらに高さやお尻のぐあいを何度となくためしてみたにちがいない。すわりごこちが絶妙で、前がひらける角度に据えてある。木工細工の人がつくったらしい木のオブジェや、ワラに強い人の仕事らしいワラ人形が、緑の中にたのしいアクセントを生み出している。

チラシによると、森の音楽祭に出演者募集中。豪華なコンサートホールなど建てなくても、森には演奏にぴったりの空間がいくらもある。楽器はそもそも鳥の啼《な》き声をまねる道具としてはじまったと言われるではないか。風が香りを運んでくる。小鳥がこっそり演奏の手伝いをするかもしれない。

「ふかや緑の王国写真コンテスト」は、小学生から参加できて、審査は高名な写真家ではなく開拓ボランティアの投票による。応募者全員が参加賞をもらえる。

巣箱コンテストの「鳥の審査の部」についても、チラシでくわしく知ったのだが、実際に設置する期間と、その間に「利用すると思われる鳥たち」があげてある。ノスリ、オオタカ、キジバト、カワセミ、フクロウ、セキレイ……応募者はそこから一つを指定する。鳥たちをよく知っていてできることだ。鳥の個性と視点を考えた上で、自分の審査員になってもらう。巣づくりと子育てが終わったあとに点数が加算される。だからこちらの発表は翌年になる。鳥の「人格」を優先したコンテストも珍しい。

ここちいい風が吹いていた。すわりごこちがいいと眠くなるもので、しばらく腕組みをしてうたた寝をした。まさしく王さまの眠りである。

# 第七章　カミの森（東京都明治神宮）

永井荷風の『日和下駄《ひよりげた》』は大正三年（一九一四）の夏から一年あまり「三田文学」に連載され、翌年、本になった。
「人並《ひとなみ》はずれて丈《せい》が高い上にわたしはいつも日和下駄をはき蝙蝠傘《こうもりがさ》を持って歩く」まだアスファルト道路が少ないころであって、雨が降ればいたるところがぬかるんでいる。下駄と傘が欠かせない。

大正初期の東京散策記は関東大震災以前の首都のたたずまいをよく伝えている。その八章目は「閑地《あきち》」の見出しをもち、当時、東京市中にちらばっていた広々とした原っぱを語っている。それは「強《し》いて捜《さが》し歩かずとも市中到るところに在る」というのだ。芝の海軍造兵廠《しょう》の跡、戸山ヶ原、青山の原、代々木の原……。

芝の造兵廠跡は何万坪にもわたり、そこに猫騒動ゆかりの古塚があると知って、荷風は友人と二人して探しに出かけた。戸山ヶ原は尾張徳川家下屋敷の跡地で、庭園だったところに陸軍戸山学校があるほかは、一面ただ広漠としている。青山の原は練兵場に使われている。代々木の原で万国博覧会が開かれるという噂《うわさ》があったが、東京市に「金がない処からおじゃん」になった。

下駄をはき、コーモリ傘をステッキがわりに東京中を徘徊《はいかい》している男は知らなかったようだが、おりしもこのころ明治神宮創設の計画が着々とすすんでいた。明治天皇が死去したのは、二年前の七月三十日で、大正と改元。八月、男爵渋沢栄一、東京市長阪谷芳郎、東京商法会議所会頭らが呼びかけて「明治神宮創建のための覚書」をとりまとめた。

大正二年（一九一三）、神社奉祀《ほうし》調査会官制公布（勅令三〇八号）、造営に関する調査開始、翌三年、昭憲皇太后崩御。ついては明治天皇奉祀神宮に皇太后を合祀することが内定。荷風が東京歩きをしていたころ、奉祀調査会が候補地の選定にかかっていた。

代々木御料地

青山練兵場跡地

陸軍戸山学校
芝三光坂附近
………

候補地は全部で一四ヵ所を数えたが、最有力とされた四ヵ所は、まさに荷風が『日和下駄』にとりあげているところである。調査会の面々が威儀を正して実地検分に赴いたころ、下駄にコーモリ傘のヘンな男が何用あってか、しきりにウロつきまわっていたのではなかろうか。

荷風の本が出た前後だが内務省に明治神宮造営局が設けられ、これに呼応して民間に明治神宮奉賛会設立。大正四年（一九一五）、地鎮祭がとり行われた。

大正八年（一九一九）、明治神宮立柱祭、及び上棟祭。

大正九年（一九二〇）、社殿完成。十一月一日、鎮座祭。

平成二十二年（二〇一〇）、明治神宮創建九〇年。それはまた世界の都市の歴史にも例をみない、一つの壮大な森が出現する歳月でもあった。

明治神宮は風船玉の左右がややすぼまった形をしている。ふくらまし口をくくる辺りがJR原宿駅、また地下鉄明治神宮前〈原宿〉駅であって、南参道入口へつづいている。総面積七〇万平方メートル。東京ドーム約一五個分にあたる。

まっすぐのびた太い砂利道のほぼ中央部に左へ折れる参道があって、巨大な鳥居が立っている。いちどカギの字に折れ、それから社殿に向かうわけだ。

大鳥居を境にして南参道、北参道と名がかわる。南参道の西側は池のある「御苑」があり、金網で仕切られている。江戸初期は加藤清正、ついで井伊家の下屋敷のあったところで、ほんのわずかだが、旧大名家の庭園のおもかげがのこっている。菖蒲田《しょうぶだ》の北に「清正井《きよまさのいど》」とよばれる湧水《わきみず》があり、その水が南池に流れこむ。加藤清正は築城家としても知られた人だったから、水脈を見つけるなど造作もなかったかもしれない。

下屋敷の外は武蔵野につらなる林と畑だった。明治以後に御料地となっても使い道がなく、荷風が書いているとおり、万博案が出たりすると、すぐさま候補地にあげられていた。

明治神宮の創建にあたっては、内務省造営局とともに建築家伊東忠太（一八六七—一九五四）が指揮をとった。神宮の事務棟は参道の東側にとどめ、西側の建物は社殿、神楽殿、社務所にかぎり、あとはすべて森でつつみこむ。伊東忠太は社寺建築の泰斗とみなされていたが、当時四十後半ばであり、実務をとりしきった造営局技師大江新太郎（一八七九―一九三五）はまだ三十代だった。新しいカミの社《やしろ》をつくるに際し、若い世代にゆだねられたことが見てとれる。

森づくりも同様だった。日本最初の林学博士で東京帝大教授本多静六（一八六六―一九五二）がリーダーとなったが、実務にあたったのは本郷高徳（一八七七―一九四五）、上原敬二（一八八九―一九八一）である。二十代、三十代が「永遠の杜」の青写真をつくった。若者が中心になった維新の精神が、はからずも明治をしめくくる宮づくりにあらわれた。

たしかに大胆なプランを採っている。ふつう神社はスギ、ヒノキで神苑がつくられるものだが、本多チームは人工林をつくるにあたり、自然の生長過程を重視する植栽計画を立てた。四段階に分けて一〇〇年を単位とし、一世紀のち人工林が自然林に移行していること。神苑ではなく森づくりを柱にした。

本多静六は若いころドイツに留学した。その弟子の本郷、上原ともにドイツ留学を終えて帰国後、明治神宮造営局技手に採用された。本多静六のお声がかりにちがいない。明治神宮の杜にはあきらかに、ドイツではじまった「ヴァルトバウ（森の造成、造林）」の思想が生かされている。農業の「アッカーバウ（耕作）」に対応するもので、十九世紀初頭の森林参事官ハインリッヒ・コッタの造語であり、以後、ドイツにおける森の学問の基礎になった。木材や炭の生産だけでなく、それは森が人間に与えるさまざまな効用を含んでいた。コッタに学んだW・プファイルがベルリン大学で林学・造園学を教え、ドイツにおける森の学問の創始者となった。本多静六以下の面々はいずれもドイツで学び、かの地の造林思想を持ち帰った。若手の技手たちは、勉強したての学問を実地に応用するまたとないチャンスにめぐり合った。

プファイルが学生に語った言葉がのこっている。

「木がどのように生長するか、木々に聞け。木々は諸君に、書物よりもずっと明快に教えるだろう」

机上の知識よりも観察と経験の大切なことを説いた。法則ではなく木をよく見て、立地にもっとも適合したものを選び、辛抱強く世話をする。

新たな神宮の創設は一九一四年八月にはじまった第一次世界大戦とかさなっている。大日本帝国もまたドイツに宣戦布告して世界大戦に加わった。陸軍はドイツ植民地のある中国・山東半島に上陸、海軍はドイツ領南洋諸島に向かった。ついで漁夫の利を狙《ねら》い、中国に二一ヵ条を要求。満州華北の兵力増強を決定し、やがて中国軍と衝突した。

そんな時代にあって、宮づくりに国費はかけられない。造営スタッフは全国に献木、また勤労奉仕をよびかけた。資材、労働力ともタダですませようというのだ。各府県だけでなく、樺太（サハリン）、台湾などからの献木九万五〇〇〇本、各地の青年団による労働奉仕のべ一一万人と記録にある。

造林チームは全国から送られてくる膨大な木々の扱いに苦労したことだろう。成木、若木、幼木てんでんばらばらで、南方系、北方系、針葉樹、落葉樹、これまたさまざまである。代々木の原にはもともとモミの木が生えていた。それをとりこみ、地形に即して植栽のコンビネーションを定めていく。

歩くとわかるが神宮の土地は南から北へゆるやかな傾斜をとり、北端で森がとぎれて芝生にかわるところは、かなりの高台である。南北の参道のほかに御苑の西側を西参道がのび、本殿裏手で北参道と結ばれている。本殿完成後、北の出っぱりに宝物殿がつくられた。記録には献木九万五〇〇〇に対して購入木二八〇〇とある。いかに費用をかけずに、いただきものを生かして森づくりをしたかがわかるのだ。この点、若手技手がドイツで学んだ、「木をよく見て、立地にもっとも適したものを選び、辛抱強く世話をする」の原則に計ったようにピッタリだった。

ＪＲ原宿駅南端の線路上に架した神宮橋に立つと、およそ世界の首都のどこにもない光景と立ち会える。左手はケヤキ並木に彩られた表参道、またの名がシャンゼリゼ通り。シャネル、イヴ・サンローラン、クリスチャン・ディオール、ルイ・ヴィトン、グッチ、ベネトン……世界のブランドショップが軒をつらねている。

これに対する右手は鳥居をいただき、まわりはうっそうとした森で、その奥に参集殿、拝殿、客殿、本殿がひっそりと沈んでいる。一方には現代資本主義の先ぶれ役の巫女《みこ》たちがニューモードで居並び、他方には前近代から近代への礎《いしずえ》を築いたカミさまに仕える巫女たちが、あざやかな白と朱のコロモ姿で控えている。

原宿のシャンゼリゼは、もとよりパリを模倣したものだ。そしてパリはブーローニュとヴァンセンヌの二つの森をもっている。だが二つともシャンゼリゼから遠くへだたっていて、シャネルやイヴ・サンローランの目と鼻の先に昼なお暗い森が広がったりはしていないのだ。ここでは表参道のルイ・ヴィトンと南参道の参集殿がこともなく並び立っている。クレジットカードの夢のお買物と、人々が恐れ、つつしみ、立ち入りをはばかってきた清浄の地が肩を並べているフシギさ。

ともあれ当今は両者がほどよく入りまじったぐあいである。むしろ人はブランドショップ街で恐れ、つつしみ、森に来て解放されるのではあるまいか。鳥居をくぐる半数ちかくは、英語、韓国語、中国語、スペイン語、あるいは何語ともつかぬ異国語を口にしていて、とりわけ中国系はおしゃべりだ。

西参道にそれると、にわかに人の声が消えて、もっぱらカラスの鳴き声ばかり。ヒノキ、サクラ、クロマツ、カシ。何メートルかおきにスギの大木があらわれるのは、森づくりにあたってスギの生長過程を目盛りにしたからかもしれない。幹まわりと高さから、素人にもほぼ樹齢が推定できる。植物生態学の宮脇昭は生物的多様性をもち、さまざまな環境保全や災害防止の機能をそなえた土地を、現代の「鎮守の森」とよぶことを提唱しているが、その絶好のサンプルとして明治神宮をあげている。人工林にもかかわらずすでに自然林にひとしく、これほど短い期間に、これほど大がかりな森が大都市に出現したのは例がないという。九〇年前の本多チームが実践した天然更新を基本とする造林思想のみごとな成果というものだろう。

生長のプロセスを四期に分けた際、風や鳥たちの助力も勘定に入れただろうか。献木は贈り手の風土の産物により、ミズナラ、コナラ、エノキ、クスなど種々雑多をきわめたはずだ。そこにウコギ、ノイバラ、ニワトコ、ヤマブキ、サンショウ。樹間にはヤブカンゾウ、イヌタデ、ミズヒキ、オカトラノオ……。花をつける草木の多くは風や小鳥が運んできたのではなかったか。

明治神宮はぶらり寄り道にちょうどいい。都心の一角に、これだけ巨大な森があるのだもの、利用しない手はないのである。清正井わきの北池にのびる細い参道は、いつのときもひとけがない。北にすすみ宝物殿前の芝生に出ると、視界が一気にひらける。高台から見下す位置にあって、西陽をあびているときなど新宿のビル街が、さながら幻の風景のように見える。

そう言えば永井荷風が東京散策を思い立ったのは、「その日その日を送るに成りたけ世間へ顔を出さず金を使わず相手を要せず自分一人で勝手に呑気《のんき》にくらす方法」を考えた結果、その一つとして市中ぶらぶら歩きになったという。

ケヤキやクスノキの大木が枝を差し交わし、みごとなアーチをつくっている。木洩《こも》れ陽が差し落ちていて、見上げると葉のかさなりが天然のステンドグラスとさも似たり。奥まったところは人が立ち入らないままで、幹が裂け、太いツル性植物が蛇のように巻きついている。樹相のちがいによって頭上の光が微妙に変化して、自然の伽藍《がらん》を巡礼しているこころもちだ。

前例のない森づくりをリードした本多静六は埼玉県久喜の生まれで、久喜市に本多静六記念室があると聞いたが、たぶん忘れられた状態と思われる。本郷高徳はのちに『明治神宮御境内林苑計画』をまとめ、以後も内務省神社局技師として全国の神社林の整備にかかわった。上原敬二は三十代半ばまで明治神宮造営局技手にとどまって天然更新を見とどけてのち、東京高等造園学校（現・東京農業大学）に招かれ、造園学科を創設した。その後もおりにつけ、二十代に没頭した神社林の検分に訪れていたそうだ。

　何ごとにもきっと同好の士がいるもので、寄り道のときに何度か青い目の散歩者と出くわした。近くのマンションの住人らしく、ポータブルの小さな椅子をたずさえていて、大きな尻をのせ、木陰で厚ぼったい本を読んでいた。べつのときは音楽の指揮をとっているように両手をクネクネさせながらひとけない道を歩いていた。暑い季節はゴムゾーリに色あざやかなパラソル。荷風さんのまねをしたのではなく、もっとも簡便な散歩スタイルを工夫すると、よく似たいで立ちに行きついたまでだろう。

　なるたけ「世間へ顔を出さず金を使わず相手を要せず」の点でも思うところが似ているようだった。しかしこの手の信条は自分ひとりと思っているのがハナであって、あい似たのがいると不愉快である。青い目のセンセイも、行き合うとやや不快げに口をすぼめ、やにわにつと顔をそむけた。

# 第八章　博物館の森（富山県宮崎）

北陸・富山県の北端に南方がある。日本海に面した一角に、南の暖かい地方に育つ植物ばかりの森があるのだ。シロヤマシダは九州・鹿児島の城山で発見されたのでこの名がついたが、植物学者は同じシロヤマシダを、はるか北の山中で見つけて目を丸くした。

地図でいうと新潟県と富山県の県境のあたり。昔の旅人にとって、とびきりの難所だった親不知《おやしらず》は越後、これを越えると越中に入った。旧街道に泊《とまり》、入善といった宿場町がつづいていた。わざわざ「泊」といった地名にしたのは、越中側から親不知、さらに国境《くにざかい》の関所に向かうにあたり、ここに泊って入念に準備をしたせいではあるまいか。越後から難所を越えてきた人は、やれ、ひと安心とばかり緊張をといて宿に入った。「奥の細道」を南下してきた芭蕉さんは、越中に入って一句詠んでいる。

わせの香や分入右《わけいる》は有磯海《ありそ》
おもわず深呼吸して、あらためて広い海を見やったさまがうかがえるのだ。
親不知から泊までのあいだに、宮崎という合《あい》の宿《やど》があった。中世に当地の豪族宮崎氏が山城を築き、宮崎城とよばれていたのが、そのまま地名になった。海と山の狭いところに旧街道がゆっくりとうねっていて、両側にいまなお合の宿の雰囲気をとどめた家並みがある。由緒ある地名ながら九州の宮崎と区別するため、JRの駅名は「越中宮崎」だが、土地の人にはあくまでも宮崎であって、落ち着いた家並みの中に、宮崎郵便局、漁協宮崎購買部、宮崎公民館の看板が見える。海側に矢印で宮崎漁港が示され、反対の矢印で山側に「宮崎自然博物館」。日本海沿いの飛び地のような「南方」とは、この自然博物館のこと。
ただし、博物館らしい建物はどこにもない。そもそも建物、施設といったものは一切ない。簡素な山道のところどころに樹木やシダ類の説明板があるだけ。豪族の末裔《まつえい》は味なことをした。国の天然記念物の指定を受けたのは昭和二十七年（一九五二）であって、ふつう行政はそんな場合、さっそくハコモノをつくり、博物館、資料館、「自然と親しむ家」などと称するものだが、当時の宮崎町（現・朝日町）の人々は、貴重な自然を、まさに自然のままの姿で残すことにした。最少必要と思われる標識を立てるだけ。スライドやガラスケースによってではなく、足で歩き、汗を通して親しんでもらいたい――。

もう一つ、強い山守りがいた。天然記念物に指定されている森は、旧宮崎城の山並みにつづき、尾根が海側に突き出ていて、その山裾に鹿島神社が祀られている。創建は「大昔」としかいえないほど古い神社で、祭神タケミカズチが海を渡ってきた。もともとは沖の小島に祀られていたのだが、小島が浸食されて海中に没するに際して、この地に移されたという。

豪族が城を築いたとき、この山裾がぴったり「鬼門」にあたるところから禁足地として守られてきた。越中は加賀藩の支藩で藩主は前田氏。その藩主が保護し、「佐味郷《さみのごう》」とよばれていた当地の守護神ともなっていた。

宮崎の家並みの切れる手前に、立派な玉垣に囲まれて木組の雄大な神社があり、まわりにコケむした大木がそびえている。「北限の南方」は鹿島神社の杜であって、古来、斧《おの》の入らぬ聖地だった。「鹿島樹叢《じゅそう》」はタケミカズチ神に守られて、原始林のまま二十一世紀に残された。

本殿の左手が森の入口で、門番さながらタブノキの老木が天を突くようにのびている。もともと暖地の海岸部などにおなじみの木であって、寺や神社にも多い。木目が巻雲紋を見せて美しいのだ。

大きいのは樹高二〇メートルにもなるようだが、鹿島の森の門番は目で計ったところ一五メートルくらい。枝の繁りぐあいがものすごく、巨大な傘をひろげたぐあいに黒々と天を覆っている。

漢字では「椨」、クスノキ科で別名イヌグス。「実《み》は夏に黒藍色に熟す」。説明は簡明にとどめてあって、開花期の写真がついている。高木なので、ふつうは目にできないものだろう。

遊歩道は入口だけがセメントで固めてあって、すぐ土の道に入る。原始林特有の重層した陰影につつまれて、昼なお薄暗い。斜面の急なところは土が崩れるので石畳状になっているが、枯れ葉が絨毯《じゅうたん》を敷いたように積もっていた。

イイギリは「飯桐」と書いてイイギリ科。

イイギリ（飯桐）の大木

「暖地の山中にまれに見られる落葉高木」

暖かいところでもまれなのが、北陸で大木になり、主幹に寄りそって支幹が二本。春の花が秋に赤い実になるようで、写真には落葉後に赤い実の群がったのが青空を背景に映っている。

つづいてはドングリをつけるので親しいウラジロガシ。「裏白樫」はブナ科。カシ類では最も北まで分布しているが、樹林としてまとまってあるのは、ここが北限。知らなかったが、建物や器具材のほか、楽器づくりにも有用だそうだ。

つぎはスダジイ。初夏のころ、淡い黄色の花が満開になると、こんもりと繁った若葉になる。

「純林を形成しているのはここから北にはなく、たいへん貴重なものです」

ブナ科シイノキ属の常緑高木で、樹高三〇メートルにもなり、原始林のモコモコした樹相のなかで突出しているのは、たいていはスダジイである。根元に「萌芽枝」とよばれるのが無数に生えている。主幹が倒れると、これがとって代わるらしいが、巨木はあくまでたくましく、とても代がわりするようなけはいはない。ワンマン社長がいつまでも居すわると、まわりはコセコセした茶坊主ばかりになるものだが、太い幹を細々としたのがとりまいている。もしかすると森の植物界でも同じような現象が見られるのだろうか。

小道は「く」の字のひしゃげた形で折れながら斜面をのぼっていく。斧の入らなかった原始林の特徴だが、全体に湿っぽく、空気がムレたぐあいで、風が通らない。蒸し風呂の中にいるようで、みるまにじっとりと汗ばんできた。

ヌルデと出くわした。「白膠木」と書くが、誰にも読めるまい。ウルシ科の木で、別名フシノキ。秋になると「ヌルデモミジ」と言われるほど紅葉する。山地の落葉小低木で、写真によると、夏に白色の小さな花をどっさりつけるようだ。薪材にも不適で、「利用価値があまりありません」とあるが、人間にはそうでも、生き物の世界では、けっこう重宝がられているのかもしれない。

シイ、ムク、アカガシなどよく知られた樹木のほかにナンバンキブシ、カラスサンショウといった珍しいのもまじっている。スギやヒノキにとって代わられる以前、わが国の山野、とりわけ中部から西は照葉樹林とよばれるものに覆われていた。モコモコと繋り合った足元にはシダやコケがびっしり生えている。陰生植物は見分けが難しいが、「鹿島樹叢」

には、トウゴクシダ、マメシダ、フモトシダ、クロムヨウラン、クロヒメカンアオイ、ツルシキミなど、暖地性のものが多く見られるという。

高みの出っぱりから木の間ごしに下の境内の一部がのぞいている、三メートルばかりの大きな石碑が四基。日清・日露の戦争で戦死した人を悼んだもの。北陸筋の小さな村からも四人の犠牲者が出た。ななめ上からの陽ざしが影をつくって、半面がまっ黒な石になっている。

つい忘れがちだが、芭蕉さんが見たのは今とはまるでちがった風景だっただろう。植林された山々のように、黒々とした三角が整然と並んでいるのではなく、モクモクとせり上がった樹林帯であって、高木や低木が繁り合い、かさなり合って枝をからませ、天空を遮っている。ツタやシダが通せんぼをするように道へせり出している。「奥の細道」は文学的修辞にとどまらず、文字どおりの暗くて細い道だった。

こういったところには貝が棲《す》む。宮崎・鹿島の森にはココロマイマイ、エチゴヤマキサゴなどの陸生貝類が三七種も発見され、わが国随一と言われている。

温暖帯の常緑樹が多いので、鳥にとってもありがたい森であって、留鳥、漂鳥、夏鳥など二〇〇種以上の鳥がやってきて翼を休める。そう言えば風もないのに小枝がユラユラとゆれていて、翼をもった小さな愛嬌者が合図を送っているようである。

尾根の先端にあたるところに奥の院が祀られていた。まわりをアカガシの大木がとりまいていて、その名のとおり赤味をおびた蓋つきの円筒をつくっている。ソヨとの風もなく、見上げると、枝葉のかさなり合った蓋のすきまから、昼の星のように光がさしこんでいた。

樹叢の西寄りの中腹にコンクリートの宮崎鼻灯台が立っている。ふつう灯台は海辺にあるものだが、それがかなり山道をのぼったところに、白く、すっきりと立っているのが異風である。富山湾を往きかう船に、もっとも見やすいせいらしい。泊、入善の西は黒部川が作った大きな沖積地で、富山湾は南に切れこんでいる。西には能登半島が突き出していて、きっと海流が複雑に流れているのだろう。いちど湾内に入ったのが、暖められて回遊すると、宮崎の出っぱりを洗うぐあいになる。点としての南方を生み出した理由の一つではなかろうか。

尾根の一番の高みが整地され公園になっていて、眺望がすばらしい。これを境に山のたたずまいがガラリと変わり、ごく通常の雑木林とスギ、ヒノキの植林帯のまだら模様を描いている。宮崎城の城址は一つ南寄りの峰で、山の斜面に曲輪《くるわ》が走り、その上に石垣で築いた本丸があった。城と言うよりも、イザというときに防備をかためる砦《とりで》だったようだ。しも手のなだらかな辺りを鷲《わし》野《の》平《だいら》といって、見通しがよくて地下水の出るところから武士団の屋敷が置かれていた。今も畑の中から礎石や石塁が出てくる。中世以前の墓も出てくる。鹿島の森の背面では、城主や家臣団の人馬が上り下りしてにぎやかだったが、その鬼門にあたる山塊には、まるきり異質の生き物たちの世界がひろがっていた。

　鹿島さまのまん前の浜は「ヒスイ海岸」とよばれている。「翡翠」と書いて、固く、割れにくく、クロムや鉄分を含んで、紫や緑の色をもち、高貴な石とされてきた。産出は宮崎から親不知、糸《いと》魚《い》川《がわ》にかけての海岸にかぎられる。これも海流のいたずらではあるまいか。耳をすますと波の音と並んで鈍いどよめきのような音がした。国道と、ＪＲ北陸本線と北陸自動車道の三つのトンネルが森を貫いているからだ。南方樹林の下を特急がつっ走り、大型トラックが地ひびきたてて疾駆する。

　その点、旧街道はのんびりしたもので、うねった道を泊寄りに歩いていくと、森全体がよく見えた。やはりまわりの山々とは歴然とちがっており、斜面のモコモコが勇壮である。振り返り振り返り歩いていると、「親鸞《しんらん》聖人　腰掛石」というのに出くわした。承元元年(一二〇七)、北陸布教の途中、この石に腰かけて休息をとったという。どのような証拠があってのことか不明だが、古びた石がものものしく据えてある。かたわらにバケモノのような大ケヤキが、親鸞さま御休息の証人のように控えている。

現朝日町の「あさひガイドグループ」発行の絵地図によると「歴史と伝説に彩られた国境の町に親鸞や、弁慶、忠敬、芭蕉の足音がこだまする」。たしかに日本地図をつくった伊能忠敬は、マップ作製チームを率いてここを通った。武蔵坊《むさしぼう》弁慶は越前・安宅《あたか》の関所で立ち往生したとき、乾坤一擲《けんこんいってき》の大芝居をしてすり抜けた。鹿島の宮にお参りをして、つぎなる関門の無事を祈ったのではあるまいか。

夕方、宮崎の通りにもどってきた。昼間は気づかなかったが、神社のわきに明治天皇御休息の碑があって、由来が記してある。大層な石碑のわりには明治初年の全国行脚のみぎり、若い天皇が当地でひとときの休憩をしたというだけのこと。

「休憩というのはトイレのことかナ」

ラチもないことを考えながら海辺に近い宿に向かった。人っこひとりいない旧街道のまん中で、白黒ブチの猫が二匹、たのしそうにジャレ合っている。配送の車がやってきて、スピードを落として猫を避けて通り、すぐまたスピードをあげて走り去った。

気がつくと、灯がともりはじめた通りに自分の足音がひびいている。こころなしか親鸞お聖人や俳聖芭蕉の仲間入りをしたぐあいなのだ。

# 第九章　祈りの森（静岡県沼津）

千本松原は沼津市の狩野川河口から海沿いに西へのびて、富士市の富士川河口までつづく。こまかく言うと、千本浜、片浜、原、田子の浦の海岸がゆるやかな湾曲を描いたところ。距離にして約一九キロ。これだけ長大な松原がつづく地形も珍しい。

言い伝えによると、むかし、長円という僧が静岡巡錫《じゅんしゃく》の途中、この地に立ち寄り、風と浪に苦しめられている人々を見て植松をすすめ、その指導によって防風林がひろがり、緑豊かな土地に変わったという。

もう一つの言い伝えによると、天正八年（一五八〇）、武田、北条両軍が戦った際、松林が焼き払われた。荒廃した土地に僧長円が念仏を唱えながら松を植え、それが育って広大な松原になったという。

千本浜に近いところに名刹乗運寺があって、その開山が長円、のちの増誉《ぞうよ》上人である。寺の開基より三〇〇年以上前の『東関紀行』（一二四二年）に、「見わたせば千本の松の末とほみみどりはつづく波の上かな」と詠まれているから、すでにそのころ「千本松原」が誕生していたことがわかる。知恵者がいて防風林の効用を説いたのか、それとも自生したのが長い歳月のなかで浜手一帯にひろがったのか。

甲州の武田氏は何度となく南下してきて小田原の北条氏と戦った。そのつど、たびたび焼き打ちのあったことが文書にしるされている。言い伝えの一つの言うような上人伝説の生まれる条件はあったわけだ。

現在では千本浜の入口に、白いコンクリートづくりの増誉上人像がある。高さ二・三メートル、すっきりと様式化されていて、左手に数珠、右手に松の幼木をもち、高い台座の上に立っている。台座の碑文にいわく、「一本植えては　なむあみだ　二本植えては　なむあみだ」。

植樹に念仏が付加されているのは、伝説のせいだけではないかもしれない。地形や風土からしても、苗木は簡単には育たない。厄介な特性をおびた土地であれば、「なむあみだ」

流の祈りがどうしても必要だった。

　彎曲した一九キロは富士山の裾野にあたり、まず火山の溶岩流が急斜面をつくった。そこへ富士川からの土砂が押し出されて裾野の前方に砂州を形成していった。いまも原から田子の浦にかけての山側に「浮島沼」とよばれる沼沢地（ヨシの原野）があるが、かつての砂州のなごりである。

　前方は駿河湾、最深部は二五〇〇メートルに達し、日本最深の湾である。扇を少し開きかげんにした形の駿河湾に太平洋の荒波が入ってくると、高波となって海岸に押し寄せる。浜手はたえず浸食され、玉石ばかりが残される。当地は霊峰富士を背景にした白砂《はくさ》

増誉上人の像

青松《せいしょう》をうたわれてきたが、実を言うと、砂浜はほんのわずかで、正確には「黒石青松」、形さまざまな黒い石がぎっしりと海岸を埋めつくして、白い泡に洗われている。

古い記録には伊豆国大風、東海道沖津波、慶長地震大津波、「高潮ニヨリ原宿人家諸施設流失」、田子の浦大津波、安政地震大津波など、間断なく災害がみまっている。近辺の東海道の宿場が何度か移動しているのは、「人家諸施設流失」にあって、この地を放棄したせいである。コンクリートの防潮堤や波除ブロックのない時代、浜手の松林は強大な自然から人間を守る唯一の防壁だった。人々は祈りとともに緑の壁を見つめていた。増誉上人伝説は、そんな土地のシンボルとして誕生したのではなかろうか。

松が多いので、「松原」とよばれてきたが、第二次大戦以前の千本松原は、松のほかにもさまざまな樹相をもつ長大な森だった。それについては歌人若山牧水がくわしく報告している。

「沼津に何の取柄があるではないが、唯だ一つ私の自慢するものがある。千本松原である」(『みなかみ紀行』所収「沼津千本松原」)

なにやら郷土自慢のような書きぶりだが、牧水は九州・宮崎の生まれ。「幾山河」の歌が伝えるように、よく旅をした。最終的に往きついたのが沼津・千本浜である。大正九年（一九二〇）のこと。はじめは借家住まいだったが、永住を決意して大正十四年（一九二五）、千本浜の入口近くに家を建てた。

よく旅をして全国各地の松林を見てきた牧水には、沼津千本松原が二つの点で通常の松原とはちがっており、それで住みつくまでになったという。一つは松の繁りぐあいと形であって、二抱えも三抱えもある古木が「眼の及ぶ限りみつちりと相並んで聳《そび》え立ってゐる」だけでなく、ここの松は伝統的な松林にはおなじみの「磯馴松《そなれまつ》」、つまり、ひねこびて曲りくねった松ではなく、杉のようにまっすぐ幹をのばして「矗々《ちくちく》と聳えて居ること」。もう一つの特色は「所謂白砂青松式でないこと」。ここでは雄大な松の下に見事な雑木林ができていて、それも一握りの小さな木々ではなく、いずれも一抱え、あるいはそれ以上の大木である。

つづいて一つ一つ名前をあげている。たぶ、犬ゆずり葉、もち、椿、楢《なら》、はぜ、おうち、椋《むく》、とべら、ぐみ、くさぎ。たらの木などの珍しいのもあり、木々の根かたには篠、いたどり、まんりょう、やぶこうじ、しだ。

「もう浜の松原の感じではない。森林の中を歩く気持ちである」

これだけ大きな森であれば、さまざまな鳥がやってくる。残念ながら自分はあまり識別がつかないと断ってから、日ごろ親しい小鳥たちを数えていく。やまがら、四十雀《しじゅうから》、松《まつ》雀《め》、ひよどり、椋鳥、つぐみ、もず、うぐいす、めじろ、頰白。暁にはきつつき、夜はふくろう。

「この広くかつ長い松原の中央に縦に一筋の小径が通じてゐる」

当時、狩野川の河口から原町辺りまではそれなりの道だったが、その先は枝道になってもつれていたようだ。小径はもともと甲州街道とも甲駿街道ともよばれていたもので、いわば古代道。東海道よりずっと古い。

牧水は富士山麓の土質をよく知っており、世に東海道と言われている辺りは、昔は一面の深い沼沢地であって、道路などつくれなかったはずだ。だから松林の中に一筋の道をつけて通行していたにちがいない——。

風狂の歌人はまるで森番のようにして、朝夕、木々や小鳥を訪ねながら歩いていた。

「ところが、昨今、聞くに耐へぬ忌まはしい風説を聞くことになつた」

千本松原讃歌が一転して怒りの告発になる。長らく帝室御料林として大切にされてきたが、静岡県に払い下げられるやいなや、県当局は旧甲州街道から北寄りを伐採して宅地にしようという。

「幾らの銭のために増誉上人以来幾百歳の歳月の結晶ともいふべきこの老樹たちを犠牲にしようといふのであらうか」

エッセイの末尾にカッコして「九月六日、徐ろに揺るる老松を仰ぎつゝ」と添えてある。若いころ新聞記者をしていた牧水は、告発文の効用をきちんと考えていたのだろう。五日後の九月十一日、沼津市内の劇場を借りて「千本松原伐採反対市民大会」が開かれた。人前でしゃべるのが苦手な牧水も演壇に立ち、松林の保護を訴えた。わが国最初の森をめぐるエコロジー運動には「白鳥はかなしからずや」の歌人が中心メンバーとしてはたらいていた。

国土交通省は千本松原といった情緒的な言い方ではなく「富士海岸」とよんでいる。沼津に国土交通省中部地方整備局沼津河川国道事務所という長い名前のオフィスがあって、全一九キロを沼津工区、原工区、吉原工区に分け、せっせと海岸の整備をしてきた。

「富士海岸ではこれまで、高潮堤防の概成をはじめとし、離岸堤・消波堤あるいは養浜による侵食対策を進めてきており、大きな効果を得ています」

松原の海側に野球場の外野席のようにせり上がる巨大なコンクリートの堤ができた。近年、旧来の沼津河川国道事務所に加えて富士に海岸出張所がつくられ、富士川の西を富士工区としてさらに整備に励んでいる。ムダな工事廃止の声をものともせず、国土交通省が新出張所までつくって力を入れるのは、当地が日本の交通網の要《かなめ》の一点であるからだろう。

富士の裾野を東西によぎるかたちで国道一号、東名高速道路、JR東海道線、東海道新幹線がひしめき合って走っている。この一点がマヒすると、日本経済そのものが甚大な被害を受ける。「国土交通」を名乗っている役所としては、メンツにかけても守り通さなくてはならない。

おかげで千本松原は外野席の足元の緑の帯になってしまった。増誉上人像をスタート点にして小径をたどる道は「潮の音プロムナード」と名づけられているが、海と松林のあいだには、「堤防高T・P＋一七・〇メートル」を基本とした日本一高い高潮堤防が築かれており、潮の香はもとより潮の音もさっぱりしない。コンクリートの壁はおおかたの松よりも背が高いので風が遮られ、松林におなじみのサワサワという松籟の音も聞こえない。

牧水が報告している「二抱え三抱え」もある古木がほとんどないのは、戦争中に伐られたからである。大正末年の伐採計画は市民の反対によって立ち消えになったが、昭和の大戦争が千本松原を根こそぎにした。沼津市在住の画家で佐々木古櫻《こおう》という人が『戦中絵日記』をかきのこし、それが沼津市史叢書の一冊として刊行されているが、その昭和十四年（一九三九）三月のくだり、巨大な切り株のまわりで多くの人がスコップを振っている。絵に添えられたことば書き。

「千本松原の松の株は数え切れぬほどある。活かせお国の為に掘って〳〵掘りつくすまで掘って、これでヤンキーを倒すのだ」

別のことば書きでわかるのだが、航空機に必要な油が松の株から取れると言われ、町ごとに供出を申し渡された。画家の住む緑町の割当が二五〇貫。「隣組総出の活動で、割当の数倍を掘り出した」。お国のため、また町単位の競争のなかで、増誉上人の「なむあみだ」も、あとかたなくけしとんだことが見てとれる。それにしてもカリフォルニアの大油田と松の根の油との戦いが、大まじめで現実に進行したとは、いまとなるとお伽噺のように思えてくる。

戦後に植えられた苗木がすくすく育って、青年期にさしかかったふぜいだが、どことなく元気がないのはコンクリートの壁に松籟を奪われたせいだけではなさそうだ。植樹は松だけにかぎられているようで、牧水が感嘆したような常緑樹はほとんどない。おのずと木々の根かたに、いたどりや、まんりょうや、やぶこうじが繁ったりせず、木の実を求めて小鳥がやってくることもない。どこにでもいるカラスが、黒点として松の梢にいるばかり。

沼津市には「潮の音プロムナード」だが、静岡県には「千本浜生活環境保全林」であって、静岡県東部農林事務所の大看板が、「みどり」のうるおいの中の、ジョギング、散策、自然観察を勧めている。そして国にとっては国土交通省の「直轄海岸」であり、海岸事業のショーウィンドウというものだ。

どこまでも外野席の足元ではつまらないせいだろう、せっかくの県のお勧めだが、たまにジョギング組がいるだけで、お天気のいいお昼だったが、散策組はさっぱり姿がない。何やら激烈に某女史の悪口を言い合いながら、足どり荒く歩いていった中年女性の三人組を見かけただけ。

土木工事というものは、一つの目的を達成すれば、それが新しく弊害をもたらし、そのための工事をすれば、またべつの弊害が生じて、その手当てにとりかかるものらしい。高潮堤防をつくると、富士川河口からの漂砂が遮断されて浸食が進み、防壁の根元がえぐられる。浸食対策の消波堤や離岸堤をつくると、ブロックばかりで砂浜が消え失せる。そこで「人工リーフ」とよばれるブロックを組み合わせたのを前浜に沈めて「養浜」を図らなくてはならない——。

「自然にやさしい海岸づくり」

これが国土交通省のモットーのようだが、いまや千本松原の緑の帯を赤茶けたコンクリートの帯が、幅と長さともに追いこすけはいなのだが。

防潮堤に上がると、眼下に松林が見える。ランニングシャツに作業ズボン、頭にむぎわら帽子という古典的ないで立ちの人が堤の出っぱりにすわってタバコをふかしていた。地元の人らしいので近寄って、疑問点をただしてみた。松林の一角に一〇軒ばかりの民家や工場があるのはどうしてか？

「借りっぱなしだナ」

「借りっぱなし？」

戦中か戦後に市から借りて、既得権ということで返さない。県の所有ではないのかときくと、国と県と市との境界が複雑で、そこに私有地が入りこんでいて、なおのことややこしい。図面はあっても形が変わりすぎていて、どこにもたしかなことはわからない。

「ま、あたらずさわらずだわサ」

県も市も及び腰で、管理にあたってもあたらずさわらず。その点は少し歩いただけでよくわかる。天下の名勝千本松原は身勝手な人間社会のなかで、防風、潮害防止の役まわりを永遠の土木工事にバトンタッチして、静かな眠りについたらしい。その静けさは多少とも死の静けさと似ているようである。

# 第十章　青春の森（長野県松本）

　全国に数あるＪＲ駅のなかで、中央本線松本駅はとりわけみごとな景観をそなえている。北から西にかけて槍・穂高をいただく北アルプスがつらなり、西南から南には乗鞍《のりくら》岳、さらに中央アルプスが控えている。古くは松本を称して「岳都」と言った。山好きは聖地に向かうようにして山岳都市にやってきた。

　しかし景観自体で言うなら、もっとステキな駅が近辺にいくらもある。大糸線に入ると、三〇〇〇メートルに近い山々が盛り上がるような量感とともに迫ってくる。飯田線に乗って伊那谷をすすむと、木曾駒ヶ岳がいきり立った馬のようにせり上がる。この点、松本駅はパノラマを遠望するばかりで、三分間一〇〇円の望遠鏡のある眺望台と変わらない。

　この駅のすばらしいのは東に向いた玄関口である。ひろい通りがまっすぐにのび、そのまま山に突き入っていく。かなり距離があるのにすぐ近くに見えるのは、山並みが大きいからだ。巨大な山塊をもつ美ヶ原の前山にあたり、通称東山。松本市民には目を上げて方角をたしかめるとき、自若として東を指している礎石というものだ。標高の点に目をつぶればヨーロッパの岳都インスブルックの駅頭に立ったときとそっくりである。

昔のお屋敷は玄関を入ると、上がりがまちに屏風《びょうぶ》が据えてあったものだが、松本の東山は自然のつくった雄大な屏風である。それは四季ごとに彩りとたたずまいを変化させて旅行者を迎えてくれる。これほど条件に恵まれた観光都市も珍しい。

大きな眼前の景観に目を奪われて気づかないが、屏風の前方に青黒いかたまりがある。背後が早春の新緑や冬の雪に覆われているとき、一段と黒っぽさがめだつのではじめて気づいた人もいるだろう。ためしに近づいていくと、大正時代そのままの古風な木造の建物の前にくる。二つが向き合っていて、あいだの太い遊歩道の両側にヒマラヤスギの巨木が列をつくり、左右から枝葉が旺盛に繁り合って、並木というよりも大きなトンネルをつくったぐあいだ。かなたの出口に暗褐色の大木の幹がのぞいている。これも近づいてはじめてわかるのだが、なぜかケヤキの古木が円座状に居並んでいる。

行政上は都市公園だが、町の人には「マツコウ」であって、旧制松本高校のキャンパス跡、さらにその前は「県《あがた》の宮」という神社があった。そのためヒマラヤスギのトンネルを含めて一帯は「あがたの森」とよばれている。かつて山国の学校に憧れてやってきた高校生には思い出深い青春の森だった。

「あがたの森」正面大通り

旧制高等学校は明治十九年(一八八六)の中学校令にもとづく高等中学校にはじまる。中学校令は、先に公布された帝国大学令に付随したもので、大学の予備門にあたる中学が尋常(各府県に一校)と高等(全国に五校)に分けられていた。明治二十七年(一八九四)、あらたに高等学校令によって第一〜第五高等中学校が高等学校と改称した。第一・東京、第二・仙台、第三・京都、第四・金沢、第五・熊本の五校である。

そのあと明治三十三年(一九〇〇)に第六・岡山、翌年に第七・鹿児島、明治四十一年(一九〇八)、第八・名古屋の三校が新設された。

しばらくとだえたのち、大正八年(一九一九)の新潟、松本、山口、松山の四校設置を皮きりに、翌年は水戸、山形、佐賀、弘前、松江の五校。そのあと大阪、浦和、福岡、さらに静岡、高知、姫路、広島がつづいた。大正期の創設は計一六校にのぼる。

以上は官立の三年制だが、ほかに官立の七年制や公立、私立の七年制校が主として大正期に東京、大阪、神戸などにつくられた。北海道帝大や東京商大などの予科を含めると、戦前の旧制高校は全国に四一校を数えたことになる。しんがりが中国大陸の旧関東州旅順市に設置された旅順高等学校で、昭和十五年(一九四〇)四月開校。「八紘一宇《はっこういちう》」をあらわしてか、八枚の桜葉が校章に使われていたが、敗戦とともにわずか五年の歴史に終わった。

明治政府が日本の近代化、西欧化を図る上から、研究と教育の最高機関として帝国大学を設け、その予備課程として生まれたものだが、時代の推移とともに、つくりにも大きな変化が見てとれる。明治時代設立の八つの高校は「ナンバー校」とよばれ、建物もミニ帝大的性格をおびていた。現存する四高、五高の本館に見るとおり重厚な赤レンガ造りが両翼にひろがり、権威性をあらわすかたちになっていた。

大正に入ってからのものは「地名校」とよばれ、大正デモクラシーを反映してか、なじみやすい木造で「コ」の字型をとり、建築用語で「隅入り」という迎え入れるタイプの玄関をもっていた。昭和に新設されたのが旅順高だけであることからも、戦前の高等教育システムが一九二〇年代にほぼ完了していたことがわかるのだ。

さらに上級校へすすむための予備課程ではあったが、旧制高校はそれ自体で独立した雰囲気をもち、教育内容の等質性を基盤としながらも、それぞれの地域と結びついた個性的な校風を育てていった。その間、大きな役割を果たしたのは学校自体よりも、ほとんどの高校に設けられていた寮だったのではあるまいか。明治二十三年（一八九〇）、第一高等中学校校長木下廣次が寄宿寮に自治制を許可したのに始まるというが、自治は旧制高校の寮に深く根づき、伝統として継承され、それが校風の形成に大きくあずかったらしいのだ。

「夫《ツ》レ我寮ハ龍南ノ中心生命ニシテ校風之盛衰一《イチ》ニ之《コレ》ニ懸《カカ》レリ　我等茲《ココ》ニ　左ノ三綱領ヲ掲ゲテ　日々之ガ実行ヲ期シ以《モッ》テ寮風ノ刷新ト校風ノ振興トニ努メルコトヲ誓フ」

五高習学寮のケースだが、入寮に際して誓詞を入れた。おそらくほかでもなされていたにちがいない。綱領はさまざまであれ、そこにはきっと「常ニ〇〇高生タルノ自覚ト権威トヲ保ツコト」の一項があっただろう。

校歌が土井晩翠《ばんすい》といった詩人の歌詞により、曲は山田耕筰《こうさく》などの作曲家の手になったのに対して、寮歌は学生によって作詞、作曲された。研究者によると総数で三〇〇〇曲をこえるというが、世界に類のない学生文化の産物だった。ナンバー校のものが一高の「嗚呼《ああ》玉杯に花うけて」のように理想主義的な気概を高らかにうたっていたのに対して、大正になると北大予科の「都ぞ弥生」や松本高の「春寂寥」、富山高の「丘の団欒《まどい》に」のように抒情性の強い歌にうつっていく。寮歌もおのずと時代色を反映していた。

「昭和二十年八月一日、新入生たちはヒマラヤ杉に囲まれた古風な校舎のある松本高等学校の門をくぐった」（北杜夫『どくとるマンボウ青春記』）

こともあろうに敗戦まぎわの八月であって、念願かなって白線帽をかぶる身になったのに、一場の訓辞を受けたあと、「そのまま大町のアルミ工場へと送られた」。

二週間後に終戦。一ヵ月たって学校が再開され、こんどこそ「勉強を業とする学生として、ヒマラヤ杉の立ち並ぶ校門をくぐり、伝統ある思誠寮に入寮したはず」が、おおかたが旧練兵場の畑仕事で、水のような雑炊で腹をふくらませなくてはならなかった。ふつう寮歌のうたう青春は、理想や追憶や苦悩や創造がこめられているが、どくとるマンボウの青春期は、「まず空腹があり、そのあとでようやく涙や追憶や創造が出てきた」のである。

運の悪い世代であれ、ともあれ夢にみちていた。その回想につねに「ヒマラヤ杉」が出てくるのは、すでにていていとのびた大木が校舎をつつんでいたからだ。キャンパスを彩る樹木として北大や東大・本郷のイチョウが有名だが、せいぜいのところ並木であって、かぎられたエリアで前にならえをしたように整列しているにすぎない。それにイチョウは秋の到来とともに葉を落として、冬空に寒々しい裸木をさらしている。

飢えに苦しんだマンボウ世代にも、ヒマラヤスギは大きな救いだった。いつも三角状にそびえ立つ高木として迎えてくれるし、夏は大きな木陰をつくり、冬の厳しい風雪にもビクともしない。名前にある「ヒマラヤ」が雪のように白い峰々と遠方への思慕をかき立ててくれる。

「ヒマラヤスギ」と表記されるのでまぎらわしいが、マツ科の常緑針葉樹である。もともとインドのヒマラヤ地方を原産とし、明治はじめに日本に移入され、神社や寺の境内に植えられてひろまった。

大正十年（一九二一）、松高校長として理学博士大渡忠太郎が赴任してきた。それまで二〇年ばかり岡山の六高の教授をしていた。専攻は植物学。高校創設は二年前であって、二代目校長にあたる。本館と教室、寮ができていただけで卒業生はまだ出ていない。翌年、第一回卒業生を送り出し、ついで講堂、図書館、書庫が竣工《しゅんこう》。校歌「千山萬岳」（土井晩翠作詞・山田耕筰作曲）ができた。

当時の写真が伝えているが、だだっぴろい空地に校舎があるだけ。かたわらにこんもりした林が見える。県の宮の跡地で、神さまは引っ越しをして神社の杜だけがのこっていた。大渡忠太郎は赴任するやいなや、校長室の事務のかたわら植木仕事に精出した。本館と講堂のあいだの縦の軸にヒマラヤスギを植え、宮跡を丸くとりかこんだケヤキ群と結びつける。グラウンド沿いにサクラの若木、睡蓮の浮く池、冬期にも花をたやさぬ温室。「千山萬岳」を校歌とする学校の山岳部が、どのような危険に直面するかを考えたのだろう。救急連絡用の伝書鳩のための鳩小屋を設置した。もともと色が黒かったのか、それとも野外作業で陽やけしたのか、そのうち「クロちゃん」の愛称がついた。

新設校として当然のキャンパスづくりのようだが、文部省の意向はそうではなかった。事務関係者の回想によると、「敷地の空地を広く残して後日の増築に備え、土地の装飾的使用は極端に排除する」のを方針とした。なるたけ門内を広くして樹木を植えることなど「最も忌避され」たところで、「『実用を主とし経済を重んじる」のを原則とした（『アルペン颪《おろし》』財界評論社編）。

二代目校長はあきらかに当局の意向に反していた。クロちゃん先生には緑と花につつまれた「理想学園」のイメージがあったにちがいない。それかあらぬかこの校長は外まわりの整備だけでなく、岡田三郎助、満谷国四郎といった当時の若手画家たちの洋画一九点を購入している。「信濃の春」「晩秋、野尻湖畔」「雪の諏訪《すわ》湖の景」など、信州の四季を描いた作品群であって、バンカラをよしとする一般の気風のなか、校内に風変わりな画廊を設けた。若い感性を育む上で欠かせない「植樹」にあたるからだ。

旧制高校の校長はおおかた文部省のお眼鏡にかなった能吏型の教師が選ばれ、学生からは「タヌキ」だの「猫かむり」だの「へつらい屋」だのと軽蔑《けいべつ》的によばれたなかで、「クロちゃん」の愛称は、最大の敬意のあらわれだったのではなかろうか。

昭和二年（一九二七）夏、大渡校長は突然、罷免された。彼の二男で、のちに医事評論家として知られた大渡順二氏が書いているが、「文部省は九月の二学期始業以前に離任せよとの厳命」で、誰に見送られることもなく八月半ばに家族を伴って松本を離れた。治安維持法の成立、学校教練の開始など強化された管理体制と左翼思想弾圧のなかで、これに抵抗する思想事件や松山、二高など同盟休校があいついでいた。文部省は学生や教授たちの動揺を恐れて、休暇中に首切りのナタを振ったらしい。

松本は国宝松本城で知られるとおり城下町である。平地に建つ平城であって、町は城を中心に南北にひろがっていた。明治三十五年（一九〇二）、中央線の開通により松本駅がつくられた。密集した城下町の郊外に、だだっぴろい空地をはさみ東山を望むかたちに駅舎がつくられた。植物学専攻の理学博士は赴任地に降り立ったとき、ポンと膝をたたいたかもしれない。雄大な稜線《りょうせん》をもつ山が目の前にあり、先触れ役のように県の宮跡のケヤキ群がある。その前方にしかるべき高木種を配置すれば、おのずと豊かなアカデミアの学園が生まれるのだ。

どうして大渡忠太郎がヒマラヤスギを選んだのかはわからない。植物学者として外来種の特性はよく知っていただろう。針葉樹には珍しい灰緑色の葉で針状をしており、枝を水平にひろげ、独特の樹姿をつくって高木になる。樹皮は灰褐色、秋に黄色い花をつけ、翌年、大きな球果ができるといったことだ。

その大渡校長が知らなかったことが一つある。一九三〇年代のはじめのことだが、レニングラード大学の植物学者B・P・トーキンは植物が枝葉から「他の生物を殺す何か」を発散する現象に気がつき、その物質を「フィトンチッド」と名づけた。フィトンは「植物」という意味のギリシア語、チッドは「殺す」という意味のラテン語に由来する。「植物がもつ、他を殺すもの」であって、フィトンチッドはブドウ球菌、連鎖球菌、ジフテリアや百日咳《ぜき》の桿状菌《かんじょうきん》に強い。たとえば百日咳にかかった幼児のいる部屋にトドマツの枝を入れておくと、空気中の細菌数が一〇分の一にも減っている。トドマツからのフィトンチッドの力である。

日本では生気象学の神山恵三が発散物質の捕集に成功した。トーキン／神山共著『植物の不思議な力＝フィトンチッド』（講談社ブルーバックス）が出たのが一九八〇年で、それ以来、「森林浴」が日常語に入ってきた。海水浴や日光浴とともに、いや、それ以上に健康によい。森に入ると「すがすがしい気分」になるのは、殺菌力をもつシャワーをあびているからだ。

森林浴の火つけ役によると、フィトンチッドは心身の健康にいいだけでなく、「思索をめぐらす」のにも効果がある。釈迦《しゃか》が悟りをひらいたのが菩提樹《ぼだいじゅ》の下というのは偶然ではないし、東京・お茶の水の湯島聖堂の孔子廟《びょう》の前には大きく枝を張った楷《かい》の巨木がある。孔子と深いつながりのある木であって、植物学者牧野富太郎は「孔子木」と名づけた。神山恵三は実験の結果を報告している。多種の樹木の葉を集め、アルコール漬けにして、それから抽出されたものの抗菌性を調べた。黄色ブドウ球菌のケースだが、もっとも大きな殺菌力を示したものの筆頭にかかげてある――ヒマラヤスギ。

松本市民は幸せ者だ。ほんのちょっと足をのばすだけで、緑のシャワーをあびながらそぞろ歩きができる。母親に勧められて深呼吸をした幼い女の子が、大発見をしたように「エンピツの匂い！」と言った。エンピツを削ったとき、かすかにただようあの匂いである。まこと的確な指摘であって、樹木は傷つけられると、なおのことフィトンチッドを発散するものなのだ。

どくとるマンボウの卵にも、急速に効力を発揮した。やがて雑炊腹をこらえて思索につとめるようになり、哲学書にとりついた。まずはカントを読んだ。書いてあることは「神明にかけて理解できなかった」が、それでも堂々と「カント曰《いわ》く」などと言うようになった。青春の森では、すきっ腹がなおのことフィトンチッドの効力を促したらしいのだ。

# 第十一章　クマグスの森（和歌山県田辺）

　ＪＲ紀伊田辺駅を出て南にのびる大通りを行くと、標識が目についた。左へ折れると闘《とう》鶏《けい》神社、右に曲がると蟻通《ありとおし》神社。鶏《とり》が闘ったり、蟻が通ったり、たのしい神社である。まずは左に折れて闘鶏神社をめざした。

　通りにどことなく門前町の雰囲気がある。神社は允恭《いんぎょう》天皇八年（四一三）の創建というから、おそろしく古い。熊野権現を勧請《かんじょう》して熊野三山の別宮《べつぐう》格にあたり、足弱は本宮への険しい中辺路《なかへち》を敬遠して、「闘鶏さん」のお参りで三山巡りに代えたそうだ。

だからもともとは新熊野《いまくまの》権現《ごんげん》だったが、平安末期の源平の戦いに際してどちらにつくか紅白の鶏を闘わせて占った。それからというもの「闘鶏神社」の名になった。

　いかにも古社の風格と大きさをもっている。裏山の古木が本殿をつつみこむように繁り合っていて、見上げると、からみ合った枝のつくるドームの下にいるようだ。神社では「仮庵山《かりほやま》」と言っているが、南方熊楠は「クラガリ山」と名づけて植物研究の拠点にした。ここの宮司の娘を妻にしたので、神山であれ立ち入りは自由である。

社務所のかたわらに神木の大楠がそびえている。推定樹齢一二〇〇年。二度落雷にあって幹は中途で欠けているが、根元の周囲が一一メートル。怪異な獣がうずくまったようにも見える。

町のまん中にある緑のかたまりであって、まわりを一巡できる。モッコク、ユズリハ、モチノキ、タブノキなどが林冠をつくり、サカキ、タチバナといった亜高木がまじっている。大きく根を露出させたもの。幹が裂け、梢ちかくから大枝を垂れているもの。いちめんに林床植物がからみ合って、まさしく熊楠が名づけたとおりの「クラガリ山」がぴったりだ。人々が恐れ、つつしみ、立ち入りをはばかってきたおかげで原生のままに残され、清浄の地となった。

鶏から転じて蟻に向かった。商店街のまっ只中で、唐破風《からはふ》の立派な神門を入ると、ここにも神木が端座していた。同じくクスノキながらこちらは「霊樟《れいしよう》」とあって、まっ白のしめ縄つきでおごそかである。安政の大地震のとき、田辺の町家で火災が発生し、辺りが火に呑まれかけたとき、幹から「白水」が噴出して災厄をくいとめたという。

わきに「蟻通」の由来がしるされていた。むかし、外国の使者がやってきて、法螺貝《ほらがい》に糸を通せと難題をふきかけた。一同が困りはてていると、「一人の若い神様」がすすみ出た。法螺貝に蜜《みつ》を流しこみ、蟻に糸をつけて追いこんだところ、首尾よく穴に糸が通った。以来、「日本第一智恵の神」として尊崇されてきた——。

田辺は扇ヶ浜の松林をもち、その左右に戎《えびす》漁港、湊浦漁港がひらいている。かつて異国船が入来して悶着《もんちゃく》を起こし、知恵者が神に念じて無事に収めたといったことがあったのかもしれない。それかあらぬか正面の石柱に四文字が刻んであった。

「神人和楽」

古写真には裏手に「蟻通の森」がひろがっている。通称「御霊《ごりょう》さん」と言って、奥に小さな祠があり、繁るにまかせられ、いかにも御霊のいますところを思わせた。明治の末に伐られ、その後も伐採がつづき、今はよび名が伝わるだけ。町きっての飲み屋街の入口でもあり、「神人和楽」の石柱の背中に民家が迫っている。

駅前通りにもどって少し行くと、「南方熊楠顕彰館&南方熊楠旧居」の目じるしと往き合った。「中屋敷町」とあって、古風な家並みがつづいている。旧城下町のつねで、通りがへんに入りくんでおり、うっかり上屋敷町までやってきた。山林地主らしい豪邸を見やりながら、あてずっぽうに通りを曲がると、前方につつましやかな塀が見えた。すぐ横にガラスと木を組み合わせた超モダンな建物が控えている。大通りの標識には顕彰館と旧居が&で結ばれているが、たしかに記号で結ぶしかない新旧のコントラストというものである。

南方熊楠がアメリカ・イギリス滞在を切り上げて帰国したのは明治三十三年（一九〇〇）のこと。十代終わりに横浜を発った青年は三十三歳の中年男になっていた。さしあたり弟の援助で勝浦に行き、その後三年あまり、那智山周辺の隠花植物を調査した。破れ浴衣に縄の帯をしめ、肩に胴乱《どうらん》、足は冷飯草履《ひやめしぞうり》。そんないで立ちで町を歩き、山に入った。奇人と言われ、奇行がいろいろ伝わっている。粘菌や隠花植物のためには山をめぐり、谷に下りていかなくてはならない。熊野・那智一帯をくまなく歩き、谷で水あびをして何日も山中で夜明かしをした。

生まれつき頑健な体軀《たいく》の人だったが、それ以上に独自の考えがあってのことだろう。森の息吹の中で過ごして、森の生命と一体になる。動物と植物との微妙な境界にある粘菌に興味をもったのも同様であって、命の原初のかたちに接して、自分をそこに寄りそわせる。「南方マンダラ」とよばれる風変わりな図解が残されているが、言葉では言いあらわしにくいものを、図を借りて示そうとしたぐあいだ。

この人には早くから自然に関する該博な知識があった。少年のころ、『本草綱目』を筆写した。薬物・博物学の百科事典である『和漢三才図会』をはじめとして、民間のアマチュア学者のコレクションなども写し取った。並外れて記憶力のいい少年は、筆写しながら一字一句覚えこんだ。

広い知識を身につけたというのにとどまらなかったはずである。江戸三〇〇年、さらにもっと古くから日本人が蓄積してきた自然誌、博物学の伝統を筆でもってわがものにしたにひとしかった。その上で西欧を遍歴して、まるきりべつの知見とシステムを体得した。

さらにもう一つ、彼はとりわけ好奇心の強い少年時代に、まわりの人から生きる知恵を学びとっていた。田辺に住みついてからの日記に「夜十時過ぎ油岩《ゆういわ》を訪う。十二時、今福湯に入り帰る」といった記述がしきりに出てくる。油岩は広畠《ひろはた》岩吉という生花の老師匠の屋号で、熊楠が「歩く百科事典」と名づけたほどの博覧だった。その油岩が当地老人たちの会所のようになっていて、さまざまな話題が交わされた。

今福湯は油岩の近くの銭湯で、夜遅くに仕事を終えた職人たちがどやどやとやってくる。熊楠は洗い場に腰を据えて話をして、おもしろいと思ったときはつぎの晩に聞き直し、その上でノートをとった。こういった熊楠の聞き取りは、元高級官僚柳田國男には、とうていマネのできない方法だったし、熊楠自身、幼いころから習得していたにちがいない。名前に「楠」をいただく少年には、野の草木が自分の同輩というものだ。そして遠い昔から日本人は数多くの薬用植物を見つけ、それを暮らしに応用してきた。

リンドウの根は「龍胆」と書いて、おなじみの胃腸薬である。別名がケロリンソウ。センブリは乾燥させてから煎《せん》じてのむ。千度振り出してもまだ苦いので「千振」。クコは「枸杞」と書いて強精の効能をもつ。バイアグラの元祖であって、滑稽本《こっけいぼん》にクコ飯を好んで食べる僧が出てくるのは、むろんからかいをこめてのことだ。

アキノキリンソウは抗菌、消毒の作用がある。タンキリマメはその名のとおり痰切《たんき》り用。ノイバラは緩下、利尿によし。ボケ（木瓜）の実は鎮痛、オウレン（黄蓮）は二日酔に効く……。

熊楠にとって山野は即薬局であって、山中で夜明かしなど何でもない。那智、勝浦で採集のとき、いつも大阪屋という旅館を定宿にしていた。その旅館の孫娘だった人が思い出に述べているが、背中におデキができて困っていると、熊楠先生からユキノシタの葉を火で焙《あぶ》り、よくもんでから貼《は》るようにと言われた。ためしてみると、三日ばかりでおデキが消えた。

ある日、顔に吹き出物があるのを見つけ、ジュウヤクの葉に砂糖を入れて煮つめたのを食べるように勧められ、そのとおりにすると、ぴったり吹き出物が出なくなった。

「本当に何でも知った偉い先生でした」（稲垣いなゑ「南方熊楠先生と那智山麓の大阪屋のこと」『熊野誌』第三十七号・熊野地方史研究会）

最初の著書の一つ『南方随筆』にも、イボ取り用のイボノキことイスノキをはじめ、おりにつけ「山野の薬局」が語られている。マタタビの実は猫の好物として知られるが、熊野の村々では葉を乾かして蓄えておき、ネズミ退治にあてていた。腫《は》れ物が出たとき、ユズの小枝を尖らしてウミを出すと、あとが残らない。「履歴書」と題したユニークな自分史のくだりで「ザクロの根の皮」の煎じ汁の効能を力説している。決して書物にはしるされない利用法であって、油岩の老師匠、あるいは今福湯の職人から仕入れたのではなかろうか。

現在の田辺で、もっとも熊楠当時のおもかげをとどめている森は、市中から西北の郊外にある稲荷神社の社叢《しやそう》だろう。当地では「伊作田《いさだ》のお稲荷さん」として親しまれてきた。小豆粥《あずきがゆ》で翌年の作物のできを占う粥占いや、お田植神事が伝わっている。

椀《わん》のへりのような斜面一帯に田辺名産うめぼしの元、梅畑がつづいている。ゆるやかな坂道をのぼりつめたところのモッコリとした小山が稲荷神社のましますところ。社叢の樹種に特色があって、八割方はコジイが占め、一五メートルあまりの雄大な林冠をつくっている。よく見るとそこにタブノキやユズリハの大木がまじり、タチバナ、サカキなどの亜高木、地表ちかくをセンリョウ、マンリョウが覆っている。差しかわす枝が天を覆うアーチをつくり、そこに日が射すと緑の葉をすかして、ステンドグラスよりもさらに清澄な光を投げかけてくる。

熊楠のころと大きくちがうのは、森全体に乾燥がすすみ、「霧湿《きりしめ》り」といった深い森に特有の現象がほとんど見られなくなったことだろう。樹幹が水気にみちていてこそ、ムギラン、カヤラン、ヨウラクラン、フウランなどの着生植物が生きられる。それは粘菌の故里であって、森の乾きがはじまったとき、まっ先に姿を消していったにちがいない。

熊楠の年譜には明治四十二年（一九〇九）のところに、「神社の合祀と神林伐採に反対する意見書を『牟婁《むろ》新報』に発表」とある。明治政府が神社合祀令を楯《たて》に「一町村一社を標準」として神社の管理・統合に乗り出したとき、南方熊楠は激しく反対した。それまでかかわりをもたなかった地元の新聞に投書をつづけ、代議士、また柳田國男らによびかけて中央での働きかけを要請した。合祀推進にやってきた官吏の会場に押しかけ、二週間あまりにわたり勾留されたこともある。

稲荷神社の本殿わきの境内社の一つに日吉神社が祀られている。かつては「糸田の猿神《さるがみ》さま」として、やや東がたにある名刹高山寺《こうざんじ》の寺内に祀られていた。そこのタブノキの古

闘鶏神社の大楠

木から熊楠は美しい緑の光を放つ新種の粘菌を発見した。それが合祀の掛け声とともに古木が伐られ、石灯籠《いしどうろう》が捨てられ、石段が壊されていく。

激しく反対したのは、自分の研究対象が主に神社の森などに棲息《せいそく》している微小な生物であったことにもよるが、抗議の意見書『南方二書』が述べているところは、現在のエコロジー運動の主張を思わせる。古来、神社を単位として、人々の共同体がいとなまれ、土地に根ざした風習や伝統が維持されてきた。人々は神社の杜を恐れ、つつしみ、立ち入りをはばかり、「天然の伽藍」として自然を深く尊んできた。それが「合祀」の名の下に一朝にして失われる。もっともらしげな理由はつけられているが、しょせんは打算ずくの収奪ではないか。官憲にも神社側にも、合祀のあと払い下げられる跡地を狙って利権がうごめいている。それが証拠に利の多い大木の多い神社が、まっ先に合祀のリストに入れられているではないか。

伊作田の神社の高台からは田辺市街がよく見える。稲荷神社、高山寺、蟻通神社、闘鶏神社が、おおよそ西南の線になって市中を横切り、田辺湾に浮かぶ神島《かしま》をめざしている。クラゲのような形をした小島で、熱帯、亜熱帯の植物の宝庫と言われ、熊楠がもっとも保存に力を入れたところだ。明治四十五年（一九一二）、保安林に編入。昭和四年（一九二九）、昭和天皇の南紀行幸の際、熊楠はフロックコートを着て神島で天皇を迎え、隠花植物について進講をした。そのとき献上の粘菌を大きなキャラメルのボール箱につめて持参した。使い慣れた箱であれば、彼にとっては何のフシギもなかっただろう。天皇もまたこれを快として、のちのちまでも楽しい語り草にした。

神島は現在は市の教育委員会の許可がないと上がれない。扇ヶ浜の東端に突き出た三壺《さんこ》崎に上がると、目の前に見える。少し離れて右かたに突き出たのが天神崎で、不動産業者の開発計画に対し、市民が基金をあつめて買い上げ、わが国初のトラスト運動の成果として知られている。左かたにのびるのが「鳥ノ巣」とよばれる小さな半島で、今なお照葉樹林に覆われている。トビやカラスが大挙して営巣するところから鳥ノ巣半島の名がついた。神島も地目では「北鳥ノ巣」であって、古来、魚《うお》つき林《りん》の役目をになっていたはずである。熊楠は漁師の小舟で神島に渡ったもどりに、きまって鳥ノ巣に立ち寄った。家々はダンチクとよばれる生垣をもち、南紀の浦らしいふぜいを今になおとどめている。

南方熊楠がクスノキを名にいただいたのは偶然ではないだろう。巨木として育ち、木質がよくて、かすかな芳香をもっている。高木なので目にとまることは少ないが、ドングリのような実をつけ、それが熟すと濃い紺色の玉になる。大きな図体と小さな可愛らしい無数の玉と、巨人熊楠そのままである。

# 第十二章　庭先の森（島根県広瀬）

いま、ある世代以上の人は幼いころに、マンガで山中鹿之助のことを知ったのではあるまいか。尼子《あまこ》十勇士を率いて大暴れをする。

主君のお家再興のために力をつくした。

「われに七難八苦を与えたまえ」

伝わるところによると、三日月に向かって祈ったそうだ。なぜわざわざ「七難八苦」などをお願いしたのか、そのあたりのことは子供にはよくわからなかったが、十勇士というのは気に入った。猿飛佐助や霧隠《きりがくれ》才蔵といった真田十勇士ほどにはなじみがないにせよ、鹿之助のほかに、たしか伊織助や鮎之助《あゆのすけ》などがいた。尼子十勇士が本拠にしたのは、月山《がっさん》という美しい名前の山に築かれた富田《とだ》城で、難攻不落、毛利方の大軍に攻められてもビクともしない。マンガでは、尼子方が勢揃いしたところを「太鼓壇《たいこだん》」といって、桜の花びらがハラハラと勇士たちの頭上に散っていた。

オトナになってから何かの本で、鹿之助が正確には鹿介と書くことを知った。一〇人のメンバーにもいろいろ異説があって、はっきりしない。だいたいのところは秋宅庵介《いおりのすけ》、横道兵庫介、寺本生死介《しょうじのすけ》、植田早苗介《さなえのすけ》、小倉鼠介《ねずみのすけ》、早川鮎介《あゆのすけ》、藪中茨介《いばらのすけ》、深田泥介《どろのすけ》……。

よく考えると、少しヘンである。秋の庵《いおり》で秋宅庵介、寺は生死をつかさどり、ついには寺本生死介である。田んぼに早苗を植えて植田早苗介、小倉のハカマは、ネズミによく囓《かじ》られたらしいし、早川に鮎、藪にはイバラ、深い田には泥、そういえば山中鹿之助にしても山に鹿はつきものだろう。勇士の名前と言うよりも、全員が山中の鹿に合わせた語呂合わせではあるまいか。講釈師か誰かが真田十勇士ともども張り扇の名調子にしたらしいのだ。

しかしながら尼子方に山中鹿介幸盛という知将がいて、「大永くずれ」「府野くずれ」といった奇略をもって、毛利の大軍を翻弄したことも事実なのだ。

舞台となったところは、島根県能義郡広瀬町富田。ただし、これはつい先だってまでのこと。「平成の大合併」の結果、現在は島根県安来市広瀬町富田。鹿介の故里と安来《やすき》節の発祥の地とが一つになった。移れば変わる世の中である。

それはともかくとして、最盛期の尼子の石高が二〇〇万石、富田城を主城に中国一円、因幡から伯耆、出雲、石見、さらには山陽側の備中、備後、備前、安芸までも治めていた。城には町がつきものである。四代にわたって尼子氏をいただいた城下町はどうなったのか？　城は滅んでも町は残る。知将鹿介は三日月に照らされた城に佇《たたず》み、お家再興を誓ったというが、そのとき眼下には、由緒ある城下町が静かに眠っていたにちがいない。

安来市街から南へ車で二〇分あまり。いまどき山中鹿介の生誕地を訪ねる人もいないとみえて、タクシーの運転手に、「なんで、あぎゃんとこんへ行くのか」とたずねられた。

「ちょっと富田の町のことで」と答えると、言下に声が返ってきた。

「富田は水に隠れちょる」

運転手さんの言うとおりである。寛文六年（一六六六）といって、やたらに六のつく年のことだが、富田川（別名飯梨川）が大洪水をおこし、城下町は一夜にして土砂に埋もれた。それが世に現われるのは、それからきっかり三〇〇年後の昭和四十一年（一九六六）八月である。おりしも広瀬町一帯は豪雨にみまわれた。水がひいたあと、富田川の川床より鍛冶床跡と思われるものが見つかった。もしそれが伝わるところの富田城下の鉄砲町跡とすると、古絵図にある城下町とぴったり一致する。その後、県教育委員会による発掘調査が進められ、埋もれた町がしだいに全容を見せはじめた。

月山の麓に歴史民俗資料館というのがあって、発掘のもようがわかる。裏手に石段がつづいていて、城跡にのぼれる。城跡といっても、ところどころに石垣があるだけで、タクシーの運転手によると、「なんであぎゃんとこで戦《いくさ》をしたのか」さっぱりわけがわからない――。

山中鹿介はさておくとしても、島根の広瀬町は興味深いところである。たしかに大洪水にみまわれ、旧の町は水中に没した。死傷者の記録がないのは、降りつづく雨と、ふくれ上がる川水を前にして、住人は先に避難していたのではあるまいか。豪雨が収まったあと、水没した町を捨てて、すぐさまべつの土地を定め、新しい町づくりにとりかかった機敏さからしても、どうやら鹿介のような知恵者がいたらしい。十七世紀に実現した大々的な町の移転であって、住人の移動と町づくりをあざやかにやってのけた。

いい町にはきっとそこの生き字引のような人がいるもので、「土地の記憶」をしっかり守ってきた。旧広瀬町には石飛佐一郎といって、幕末に当地に生まれ、ながらく町役場に勤めた人がいた。時代とともに町の姿が変わっていくのを心配して、古い資料を手ずから筆写し、コピーをつくった。

その人が亡くなったあと、当地の地方史家音羽融氏が資料を集成、『山陰の鎌倉　出雲広瀬』(推古山房刊)として出版した。月山城の復元図、ありし日の富田城下町の絵図、製図者・石飛佐一郎による「藩制時代廣瀬概況略図」も収めてあって、消え失せた町と、新しくつくられた町を、きちんと後世に伝えている。山陰の地の足の不便さもあってか、周辺がやや建てこんだ以外、町そのものは藩制時代とほとんど変わっていないのだ。

慶長十六年(一六一一)、ときの領主堀尾氏が城を新興都市松江に移して、富田城は廃城となった。

思いもうけぬ松江ができて富田は野となり山となる

そんな俚謡が伝わっているのは、主君においてきぼりをくらい、町の人々には見捨てられた思いがしたからだろう。大洪水が襲うのは、このあと半世紀あまりのちである。領主が変わり、以後の富田は松江藩の支藩となった。石高三万石、松平の殿さまの二男坊がやってくる。その初代が赴任したのが寛文六年（一六六六）四月。同年の秋、大水襲来、富田全町が押し流された。

東堤が決潰しての惨事だった。これを教訓にして、川筋の整備にかかった。川を東かた月山の山裾に寄せ、西のゆるやかな台地に町をつくることにした。城は築かず、政務をとるための藩邸にとどめる。建物は東向き、北に作事門、領民はここから出入りする。

内部のこともくわしくわかっている。正庁、便室（休憩室）、政事の事務所、軍事の事務所、米蔵、武器庫、馬屋、作務所、時刻を伝える太鼓楼。その構造からして、すこぶる機能的につくられていた。「石飛コピー」から見てとれるが、山寄りに並木道がのび、通称「紅葉《もみこ》の馬場」、これと隣合って水田があって、藩主みずから田植えや稲刈りをした。

パフォーマンスだろうが、農民を思いやってのこと。そのためにわざわざ藩邸近くに水田を用意するなど、新しい町のプランづくりをしたチームの並々ならぬ知恵がうかがえる。

設計絵図には、正面に濠をへだてて大きな広場が見える。「勢だまり」とよばれていた。東に出たところが中の丁で家老や重役など幹部たちの屋敷町である。ついで上の丁、上下《かみした》の丁、下下《しもした》の丁と町割りをした。これは中級武士の町で、足軽の住居は上《かみ》組、下《しも》組に分かれていた。そのほかに藩校、槍剣場、弓馬場・柔体場がつらなり、文武両道をつかさどる。

これに対して市民たちの町家は南北につらなり、新町、上町、下町、中町、鍛冶町、袋町などと分けられていた。家は間口、奥行とも一定の規格に応じて与えられ、たとえ財があっても勝手に他人の土地を買いこんで、建て増しするのは許されない。一戸あたりの間口は三間、奥行一七間、両方の家から小間半《こまなか》といって、半間の半分ずつを出し合って溝をつくった。建て方は切妻、屋根は草ぶき。江戸の公設住宅は屋根の三角を通りに向けて細長くつらなっていた。町家から藩邸に向かって幹道が広くとってあり、家並みが整然と軒を並べ、まわりに松をいただく広場からは濠をへだてて藩邸がのぞいている。

住人は氏神ごとに数えられた。四つの神社のどれかの氏子である。明治初年の記録だが、戸数一一四五戸、人口四五一六とある。安来市に編入される前の広瀬町の人口は約九五〇〇だったから、以後の一五〇年間にようやく倍増しただけで、そんなゆるやかな変化のおかげで、惨害後に新しくつくられた町が原寸にちかいかたちでのこされた。

「石飛コピー」は町全体が淡い彩色で色わけされていて、赤が道路、青が川や堀や溝といった水の領分、茶が山、竹藪、並木などの木の占める部分、ダイダイ色が堤防、土堀、特殊用地など暮らしを防衛するところであることがひと目でわかる。湾曲した川沿いに大きくダイダイがひろがっているのは、万一のときの広大な遊水地である。全町をひと呑みした水の恐怖に学んでのことにちがいない。

誠実な筆写生は注記をつけている。地図には人家の庭、空地、山裾に点々と「楮《こうぞ》」「柘《ざくろ》」「黄楊《つげ》」の文字があるが、ほかでもない。

「植樹ニ利用シ得ヘキ場所ニハ之ヲ植エ附ケ年々多額ノ収入ヲ得タルモノナリ」

楮は山に植え、その樹皮を紙の原料にした。柘は庭に植え、実が食用になった。黄楊の木は硬いので定評があり、くしや印材になった。筆写生は先人の知恵を忘れぬようにと、丁寧に地図へ書き入れをした。

遊水地は現在もきちんと残されていて、一面の草地になっている。これをはさみ、もう一つ本来の土堤があるわけで、町の人は遊水地と言わず「カワラ（河原）」とよんでいる。無用の空地のようだが、暮らしのなかでは大切だ。

子供たちはそんなふうによび合って集まってくる。水に対する避難場所だが、ほかにもいろいろと役立ってきた。

「カワラで遊ぼう」

旧の町家は、大正四年（一九一五）に大きな火事があって、おおかたがそのとき建て替えられた。その際、草ぶきをやめて不燃性の瓦ぶきに改めた。地所が細長いせいか、かなりが同じ切妻スタイルをとり、軒が深い。静かな家並みをたどっていると、ひき戸の上に白い小さな石の標識がとりつけてあるのに気がついた。

「満州事変殉国勇士之家」

幻の十勇士がそっとのぞいたぐあいだ。

新しい町づくりにあたり、幹部たちはとりわけ水の確保に頭を悩ませたのだろう。水害を逃れるために西方台地に白羽の矢を立てたが、五〇〇〇に近い住民に、はたして十分な水が確保できるのか？

　山に向けて大がかりな水利工事を行い、伏流水を一つに合わせて「祖父谷川」と名づけた。人工の川を紅葉の馬場の上手から町家筋を引きまわし、遊水地のわきを走らせて富田川に注がせる。水道兼防火水である。さらに分流をつくり、屋敷町、武家町、足軽町へも細い水路を引き入れた。念入りにつくった人工の川であれ、自然はつねに人知を上まわるもの。そこで要所に水神さまを祀って守り神とした。水の神はいまも健在で、古木の下の小祠に牛乳びんが置かれ、つんだばかりのタンポポの花が差してあった。水神さまにはタンポポがよく似合う。

　古い広瀬を記録にとどめた石飛佐一郎は、町役場勤務という仕事柄、旧の戸籍簿といったものにも親しく接したのではあるまいか。埃をかぶっていたのを取り出して、丁寧に写し取った。城下町の町家に一から一一六までの番号をふって、自分が生まれた幕末の住人を一人ずつ克明に書きとめている。

一　鉄砲師　西村八郎兵衛

二　真先八右衛門
三　元結屋　四郎八・住屋　吉兵衛
四　岩舟屋　嘉右衛
五　運送　馬方元市・小紋紺屋　尾田屋寿助・木綿仲買　沖屋　茂次右衛門　地蔵堂
　土人形師・先達　提灯
　安部屋甚兵衛　住屋市兵衛

「真先八右衛門」とは何の稼業かわからないが、名前からしてメッセンジャーといったところだったのか。町の区割り九二のところに「早飛脚早道深平」というのがいて、「山手へ二百二十里、一昼夜四十里ヲ行ク」と、キャッチフレーズがそえてある。真先八右衛門とは職分がちがっていたのかもしれない。町には因幡屋円山という講釈師もいれば、雪渓という絵師もいた。

呉服反物　田中屋恒兵衛

広瀬の水路と家並み

足袋宗十
義太夫　三味線堪能盲喜三恵
今風に言えば、ファッションの店、靴下のブランド物、カラオケのセンセイというわけだ。貧しくはあれ、平和な町のたたずまいが、まざまざと浮かんでくる。
江戸のころにも職業がこまかく分かれていたようで、同じ鍛冶職でも刀鍛冶は刀にかぎる。「稲こき千把鍛冶・泉屋源七」は稲こき千把だけをつくった。「かなあみの俵屋伝六」は金網のみ。「法事まんじゅうの亀田屋」は、もっぱら法事用のまんじゅうをつくっていたのだろう。

現在も町の通りで亀田屋さんが法事用をこしらえている。わきに「おこわ」とあって、これが新製品らしい。奥のせいろから湯気が勢いよくふき上がり、あたたかいような懐かしい匂いが漂ってきた。

一つの町家に種々の職が同居しているのは長屋になっていたからだろう。それは現在も同じで、片カナ名の建物に眼鏡屋、文具・本、バッグ・化粧品、花陶器、すし屋が入っている。

教授や師範といっても、たいしたことはなかったようで、家号一一五の長屋には、習字教授、不伝流剣術指南、洋学教授、直信流柔術指南などが肩を寄せ合うようにして住まっていた。

旧城下町の住人簿とくらべながら歩いていると、時代が変わっても人の営みには変わりがないことが見てとれる。かつての習字教授、剣術指南、洋学教授は、今日の習字教室、広瀬少年剣士会、英語塾（補習から受験まで）に姿を変えたまでのこと。

石飛戸籍簿では八二の項に「御やど・かごかつぎ・運送馬方」が軒を接していたが、現在でもちゃんと、ホテルにタクシーが常駐し、宅配業がついている。

「ややー」

さすが鹿介の故里である。表通りのガラス戸いっぱいに「鹿狼一騎討ち」の大絵図が掲げてあった。二間間口をそっくり占めて、アルミサッシの戸の内側に、子供のクレヨン画のようにたどたどしいのが貼りつけてある。大刀をかざした鹿介の頭には、おなじみの三日月と並び、雄大な鹿の角がニョッキリとそびえていた。

魚屋、畳屋、理髪店、時計店、薬局、すし屋、洋品店、青果店、スナック、電器屋、写真館……。小店がちゃんと商いをしている。日々の暮らしがつくり出した町のかたちと雰囲気がある。顔見知りが立ち話をしている。郵便配達のバイクがエンジンをかけたままとまっている。配達をすませたあとのひとことが、ふたこと、みことにふくらむからだろう。用向きで来た人が用を終えても立ち去らない。人間の暮らしは用向きだけではないのである。

旧の御殿跡、御門や土蔵跡が広場になり、かつての人口の「たばね役」だった八幡宮や金刀比羅宮のほかにも、町家のあいだにひっそりと伊勢宮や十王堂、荒神さまが控えていて、暮らしのめりはりを受けもっている。高台に上がるとよくわかるのだが、町家をつつむようにして山裾の緑があり、その中に小さな緑が砂をちらしたように点在している。先祖が年ごとに「多額の収入」を得たという植樹のなごりがある。人々はつましい暮らしのなかで、とっくに収入とは縁がなくなってのちも庭先の森を守ってきた。

# 第十三章　銅の森（愛媛県新居浜）

愛媛県新居浜《にいはま》市は住友系の企業城下町である。町を歩くと、すぐにわかる。住友化学、住友金属鉱山、住友重機械工業、住友林業、住友共電、住友別子《べっし》病院……。合併して名前がボヤけたが三井住友銀行、同じく三井住友海上火災。町の人に勤め先をたずねると、三人に一人は答えるのではあるまいか。

「スミトモさんに行っきョります」

どうして一つの都市に集中したのか？　コンツェルンの母体となったものが、すぐ背後にあった。つまり別子銅山であって、ふつう「住友別子銅山」と呼称されるのは、住友あっての銅山であり、銅山あっての住友であったからだろう。工業都市新居浜がどれほど大きく市の繁栄を当銅山に負っていたか、市歌の二番に歌いこまれていることからもあきらかである。

遥かに別子　鉱山《やま》晴れて
市民勢《きお》いて起《た》つところ
文化　産業　絢爛《けんらん》と
花咲き薫るこの繁華
興せ　工都の新居浜市

住友のはじまりは大坂の銅商泉屋《いずみや》といった。元禄三年（一六九〇）六月のことというが、当時、泉屋が経営していた備中吹屋《ふきや》の吉岡銅山に、阿波生まれの鉱夫長兵衛という者が駆けこんできて支配人に面会を求めた。伊予の立川《たつかわ》銅山で働いているが、峰一つ越えたところで銅の露頭を見つけた。泉屋さんを見込んで内密にお知らせする。

備中の吉岡銅山は鉱脈に乏しく、そのうえ坑内の排水に苦しみ、泉屋も思案にくれていたところだった。渡りに船と支配人田向《たむき》重右衛門ほかが伊予に飛び、良質の露頭をたしかめた――。

明治末年に住友家によって編まれた『垂裕明鑑《すいようめいかん》』の語る、別子銅山発見の顛末《てんまつ》である。

そのようなことがあったのだろうが、古文書には七世紀の大和朝のころすでに東予《とうよ》で銅の採掘のあったことがしるされている。「別子の七鋪《ななしき》」といった言い方がされており、そのうちの二つは、のちの開坑部と一致する。長兵衛が泉屋に駆けこんだころ、ほかにも鉱脈を見つけた者がいて、幕府への採掘許可申請が競合したというから、別子の山に銅が眠っていることについては、ひそかにささやかれていたのではなかろうか。

泉屋は業祖蘇我理右衛門《そがりえもん》以来、銅商としてそのころすでに一〇〇年あまりになり、全国の銅山について豊富な知識をもっていただろう。支配人田向は老練な山師として、流れ者の鉱夫の報告にピンとくるものがあったにちがいない。手代ほかをつれて伊予に急ぎ、予測どおりの大鉱脈を発見した。

戦後、住友修史室によって編まれた『泉屋叢考《せんおくそうこう》』が、よりくわしく語っている。幕府は対外貿易の決済を銅でおこなっていた。新銅山開発と採掘量の増加は願ってもないこと。運上金、また採鉱の安定性を考えると、たとえ申請が競合しても、商都大坂で聞こえた銅商に白羽の矢が立つのは至極当然というものだった。いかにこれが良質の鉱脈だったか、ウナギのぼりの産出量からもわかるのだ。

元禄四年（一六九一）　一九・二トン
元禄五年（一六九二）　三六〇トン
元禄八年（一六九五）　六五八トン
元禄十年（一六九七）　一三五〇トン
元禄十五年（一七〇二）　一八四〇トン

赤穂《あこう》浪士が本所松坂町の吉良邸討ち入りを謀っていたころ、四国の山中では焼鉱炉からメラメラと、まっ赤な炎が昼夜わかたず立ち昇っていたのである。

新居浜市中から南の郊外へ出て、大永山《だいえい》トンネルに向かった。しだいに左右の山がせばまって、道は車がすれちがうのにやっとの狭さ。二万五〇〇〇分の一「別子銅山」の地図には落《おと》し、殿小屋、七番越といった地名が見えるが、鉱山とのかかわりで命名されたと思われる。やがてトンネルに入った。ながらくここが新居浜市の境界で、トンネルを出ると愛媛県宇摩《うま》郡別子山村だった。人口三〇〇あまり、西日本でもっとも住民の少ない村として知られていた。平成の大合併で新居浜市の面積は一・五倍になったが、人口増はほんのちょっぴり。

銅山《どうざん》川の支流沿いに登っていった。山道ではあるが、きれいに石が敷きつめてある。それもそのはず、かつての「産業道路」であった。「仲持《なかもち》」とよばれる運搬人が粗鋼《あらがね》を背負ってここを下った。男は一二貫（四五キロ）、女は八貫（三〇キロ）を背負子《しょいこ》にのせて運び下ろした。そんな「泉屋道」がいまも残っている。

ゆるやかなうねうね道をたどっていくと、削《そ》いだような岩肌の前に出た。斜めに地層が走り、定規をあてたような無数の線が見える。雄大な赤石山系の一部にあたり、三波《さんば》川系結晶片岩から成っている。中部地方の天竜川上流域から、九州までつらなる古い層で、その外側にあたる北と内側の南とでは地層がちがう。赤石山系の特徴は、三波川変成帯に角《かく》閃《せん》岩や橄欖《かんらん》岩が押し入っていることだそうだ。そう言われても何のことかわからないが、自然が身をよじるようにして山を造ったとき、その熱と運動によって珍しい鉱物が誕生した。「赤石」の名のとおり特有の色をもち、ルビーやマンガン、スピネル等を宿している。

別子銅山も自然からの気前のいい贈り物だった。

繁り合った木々のあいだから黒ずんだ石垣がのぞいている。その上に赤レンガの重厚な壁。接待館跡で、銅山を訪れた要人の宿泊、宴会にあてられた。同じく赤レンガ造りの煙突が残されている。醸造場の跡だという。ヤマの人々にとって酒は数少ない慰めの一つである。はじめは新居浜の酒屋経由で運び上げたが、中継の者や仲持にあらかた飲まれてしまう。明治のはじめ、伊丹から杜氏《とじ》を呼んで醸造にとりかかり、三年後に銘酒を生み出した。銘柄は泉屋のマークにちなみ「イゲタ正宗」。鬼をもひしぐ鉱夫たちも、これをいただくと酔眼もうろうとなるので「鬼ごろし」の別名がついた。

副支配人邸跡、山林課長宅跡、醸造所長宅跡、採鉱課長宅跡……高低のある狭い平地に幹部クラスの住居が並んでいた。少し上手の石垣は小学校跡。石段の上の大きな石組みは劇場のあったところ。ふだんは事務所兼倉庫だったが、毎年四月末から五月にかけての山神祭には、京都から名優たちがやってきた。舞台幅一八メートル、廻り舞台をそなえ、二〇〇〇の観客を収容した。

下手のモコモコとした繁みのあいだに長い石垣が見えた。沈澱池《ちんでんいけ》の土堤にあたり、ここに排水を集め、溶けこんでいる銅を析出させて回収するとともに、廃水処理をおこなって鉱害の防止をはかった。寛政年間にとりかかったが山腹に池をつくるという難工事で、明治に入りようやく画期的な疏水システムを完成させた。昭和に悪名をとどろかせた公害発生企業は、もとより先人たちのこんな大工事のことは知ろうともしなかっただろう。

ひところヤマには一万人をこえる人々が住んでいた。中心を目出度町《めった》といって、重任局（鉱山事務所）、勘場（会計）、神社、病院、村役場、料亭などがひしめいていた。学校もあれば郵便局もあった。助産師さんがいれば僧侶《そうりょ》もいた。劇場には旅廻りの一座がやってきた。何の跡ともしれぬ礎石が点在している。赤レンガの煙突が恐竜の首のようだ。

標高が一〇〇〇メートルをこえ、谷が大きく切れこんだ辺りから、あきらかに山容が変化した。金鍋坑、代々坑、天満坑、大切坑……。採掘坑は山頂近くから順次下に向けてひろがっていった。下から登っていくと、歴史を逆にたどっていくあんばいになる。もっとも高所にあったのが歓喜坑。露出していた鉱石を手がかりに大鉱脈をつきとめたときのよろこびが、こんな命名をさせたものか。

はじめて知ったのだが、鉱脈というのは水平や斜めだけでなく垂直にものびている。歓喜坑のあるのは海抜一三〇〇メートル付近で、先に上が見つかったわけだから掘りすすむにつれて下にさがっていく。三〇〇年ちかく一日も休まず掘りすすめた結果、閉山時には海面下一〇〇〇メートルをこえるところに届いていたという。産業立国が生み出した幻の風景であって、経済原理の名のもとに、いかなるすさまじいことが進行するものか、まざまざとうかがえる。

旧別子は大正年間までに掘りつくされて閉鎖され、銅山の主体は旧別子山村から新居浜市側にうつった。地下深く掘りすすみ、ついに坑道が海底一四〇〇メートルに達したところで採算性の点から放棄された。ときに昭和四十八年（一九七三）。元禄四年の開坑より数えて二八〇年の歴史に幕を閉じた。

西赤石山から石鎚《いしづち》山を望む頂の一つに、インカ帝国の遺跡のような石組みがある。蘭塔《らんとう》場《ば》といって、山の安全を祈念して守り神への祭祀をとり行ったところだという。

明治三十二年（一八九九）八月、強い台風が四国に集中豪雨をもたらした。別子のいたるところが崩壊し、土石流を起こして五〇〇人をこえる犠牲者が出た。これを契機に植林をはじめたが、二〇〇年もの長いあいだ、狭い山中で銅の精錬がつづけられた。木は枯れ、伐り倒され、根っこもまた燃料として燃やされた。さんざっぱら痛めつけられた山肌は、頑として移植を受けつけない。大災害のあと、銅山復興の大義をおびて現場を見てまわった支配人伊庭貞剛《いばさだのり》は、一面赤むけの山肌をながめ、心に念じた。

「山を緑にして元《はじめ》に返す」

急な岩場に職員が手をつかねていると、支配人は言ったそうだ。石垣を積み、土を盛れ、その上に木を植えよ。これまでとはまるきり逆であって、山を甦らせるための石垣である。

明治から大正にうつるころ、地質の類似性から中部山岳地帯で採取したカラマツの苗を試みに植えたところ、少しずつ根をつけはじめた。植物のはえにくい尾根筋の斜面や岩場に、ツガザクラの群生が見られるようになった。厳しい自然環境が、むしろこの花を招き寄せたのかもしれない。たじろぎながら、しかし確実に自然がゆっくりもどってきた。低地はスギ、ヒノキ、ついでカラマツ、アカマツ。一二〇〇メートルをこえる辺りで高山性低木とバトンタッチして、アケボノツツジ、イシヅチザクラ、イワキンバイ、ゴゼンタチバナ、オオヤマレンゲ……。

見渡すかぎり緑の山である。カラマツが太い幹をつらねている。リョウブが盛り上がるような木立ちをつくった。地面にしがみつくようにして小さな花をつけているのは高山性のツガザクラで、四国のこの別子が南限と言われている。つり鐘状の白い花弁をもち、先っぽが赤味をおびて、いかにも可憐な花である。かたわらにシダのようなものが、わがもの顔にのびている。ヘビノネゴザと言って銅山に特有の植物だ。かつて山師はこれを目じるしに銅脈を探したという。ヘビノネゴザがはびこると、ツガザクラが姿を消すそうだ。

　明治期の伊庭貞剛このかた「山を元に返す」運動が順送りのようにしてつづけられてきた。戦後に大きな力になった人は伊藤玉男さんである。支配人でも幹部クラスでもなく、現場のたたき上げ。地元の中学を出ると、当然のように住友に就職して別子の坑道に入った。学歴がモノを言う大企業のなかで、坑道組は山ではじまり、山で終わる。地球のはらわたを抉《えぐ》り取る人生に区切りがついたとき、伊藤さんはわれとわが手で大きな転換をした。若いときから休日ごとに四国の山々、とりわけ別子の東につらなる赤石山系を歩いていた。銅山峰の山小屋が荒廃しかけたとき、乏しい貯金をはたいて手に入れた。これを拠点に赤石の植生を徹底的に究明した。

「山を元に返す」にあたり、強力な現場監督が赴任したぐあいなのだ。住友の支援があったにせよ、昭和三十年代以降、赤むけの山肌がみるみる緑にかわるにあたり、伊藤さんと山の生理に通じた強力な山の仲間のはたらきがあってのことだった。人工にたよらず、自然に手をそえ、その本来の自生力の手助けをする。ガレ場のようにささくれた土がのぞいていたところや一面に荒涼とした裸地だったところが、いまやアカマツやリョウブの深い森にかわっている。ブナやミズナラの天然林まであと一歩のところまでこぎつけた。「住友のインカ」と言われた石の廃市は、すでに緑の森に隠され、はやくも人の記憶から消えかけているのである。

銅山峰は大きな鳥の背のような山稜をもっている。峠にあたるところに峰の地蔵が祀られていた。初々しいアケボノツツジが点々とちらばっている。このとき、紙を切るような鋭い音を立てて風が足元を吹き抜けた。当地では「やまじ風」と言われるもので、太平洋から吹きつけたのが土佐の山地に舞い上がったあと、赤石山系にぶつかってくる。瀬戸内海側は急角度で落ちこんでおり、その地形が局地的な突風を発生させる。銅山跡に出現した新しい樹林帯には特有の形があるという。「風成樹形」と言って、木々たちは生育するなかで、みずから風をやりすごすスタイルを生み出した。そっと手をかして、その手助けをした人とグループがいたことは言うまでもない。

銅山峰ヒュッテは峰の地蔵から少し北に下ったところにあって、小学校の分教場のような建物だった。その辺りは、昔は鉄道の終点だったそうだ。粗鋼の運搬に山岳鉄道が導入され、一二〇〇メートルちかい高所まで蒸気機関車がのぼってきた。

それも昔の話。辺りは静まり返っていた。山の冷気が鼻先をくすぐりにくる。だいだい色をした裸電球があたたかい。電気は谷川の自家発電でまかなっている。静まり返った地上の一点に、ツン裂くような機関車の汽笛がひびき、ここが大鉱脈のノド首だったなどと、もとよりとても信じられない。ダルマストーブが老人の呼吸のような音をたてて燃えていた。夏でもストーブの火がたやせない。

たまたまその夜、新居浜市山岳協会のメンバーと泊り合わせた。缶ビールを飲みながらの伊予弁のやりとりは、すべて山の話である。

「軽金属のヨシダさんが、ゴヨウが枯れとると言っとったがネ」

赤石山系の主峰にあたる東赤石は橄欖岩質のため植生が大きくちがって、ゴヨウマツやクロベやコメツガなどの針葉樹林をつくっている。さらに東の二ツ岳には、石鎚山脈に分布するブナの天然林がのこっている。

「庶務のホシノ君がホシガラスを見たぞいネ」

車輛《しやりよう》のヤマザキさんがメボソムシクイと行き合ったというから、このつぎくわしく聞いてこよう——おおかたの人が住友のお勤めなので、名前の頭に必ず部署がつく。いまは亡き山小屋の主人を思い出しながら、黙って聞いていた。小さな生きものたちこそ生き証人であって、お山の育ちぐあいを正確に伝えてくれる。

「ウー、酔った、ウー、眠い」

板壁によっかかっていた青年がドタリと倒れて、そのまま高イビキをかきはじめた。資材課のウワ君で、いつも重たいビール運搬を引き受け、自分は一本飲むか飲まないかのうちにまっ赤になって寝てしまう。そんな青年の顔を裸電球がやさしく照らしていた。

# 第十四章　綾の森（宮崎県綾町）

宮崎県に綾町《あやちょう》というシャレた名前の町がある。県都宮崎市の北西約二〇キロのところ。正確に言うと宮崎県東諸県郡《もろかたぐん》綾町。人口七〇〇〇あまり。古代の『延喜式』には「亜椰《あや》駅」の名がみられるが、日向と肥後を結ぶ街道の要地としてひらけた。江戸のころは薩摩《さつま》藩に属し、炭を供給。言うところの日向炭《ひゅうがずみ》である。ひと昔前の地理辞典には「広大な国有林があり、開発が遅れていたが、近年、県営の総合開発が進行中」といったことがしるされている。

要するに、とりたてて特徴のない宮崎平野北端の町であって、町域の多くが山林で占められ、炭が石炭、さらに石油にとって代わられてからは、山地は町のもてあましもの。山林の変貌《へんぼう》もまた推測がつく。藩にエネルギー源を供給していたのが、明治になって国有化されるとともに大々的な伐採がはじまり、スギ造林へと変えられた。やがて燃料革命によって炭が下火になると、クラフトパルプにあてられ、「拡大造林計画」といったフシギな名のもとに、とめどなく伐採が進行した。

綾町をはさむようにして北に綾北川、南に綾南川が流れている。川沿いに旧道がのびていて、現在は綾北川に沿うのが県道360号、綾南川沿いが県道26号。二つの川が大きくひろがった中に大森岳（一一〇八メートル）がそびえている。標高はさほどではないが急峻《きゅうしゅん》な岩山であって、南東からのびる林道も稜線の途中でとだえている。

「拡大造林計画」は地形的にゆるやかな北から進められた。一帯を伐りつくしたのち、大森岳の東南稜をめざした。林道を延長すれば作業にかかれる。綾町に計画が示されたのは昭和四十二年（一九六七）である。おりしも「所得倍増」を合い言葉に、日本経済は第一次高度成長のまっ只中。県の総合開発プランとあいまって、伐採は一気に進むはずだった。税収めあてに町当局は直ちに認可。

いや、そうはならなかった。時の町長郷田實は率先して反対。「バカ町長」と罵《ののし》られながら節を曲げなかった。おかげで大森岳を中心にして、わが国最大級の広大な照葉樹林帯が残された。

「照葉《てるは》大吊橋」といって、高さ一四二メートル、長さ二五〇メートル、このスタイルの橋としては世界一の規模だそうだ。ふつう橋は渡るために架けられるが、ここではそれ以上に遊歩道の性格をおびている。行きつ戻りつして照葉樹林の大景観をたのしむところ。

足元は大きなV字谷である。大吊橋は綾南川にかかっていて、綾の森の入口だ。面積約二〇〇〇ヘクタール。見渡す限りモコリモコリと丸まった曲線をえがいており、スギやヒノキの三角集団を見慣れた目には特異な山容と見えるにちがいない。

シロウトにはただモコリモコリだが、植物学者は高度に応じて樹林が棲み分けていることを言うだろう。特徴のある群落をつくり、標高の低いところからイチイガシ林、アカガシ林、モミ・ツガ林とつづいていく。モミ・ツガは標高八〇〇メートル以上。綾の森ではイチイガシとアカガシが中心だ。背の高い高木層、中背の亜高木層、そして低木層、草木層がひしめき合い、複雑に混生し合って、そこからモコリモコリが生じるわけだ。

規模が一定の尺度をこえると感覚が応じきれないらしく、当の大眺望の一点にいながら、なかなか現実のものと思えない。右を見たり、左を見たり、上空を見上げたり、渓谷をのぞきこんだり、誰もがキョロキョロしている。のべつカメラのシャッターを押している人。ケータイについたカメラで大景観をバックに自分を写している人。自然の迫力を背にすると、人間のちっぽけさがなおのこと露呈すると思うのだが、それはよけいなお世話というもの。

駐車場に大型観光バスがズラリと並び、胸に名入りのリボンをつけた人が続々と下りてきた。韓国からのツアー客のようで、先導役が韓国語でどなるように指示していた。女性たちはブランドの店をひやかすようないで立ち、男の方はシャレ者もいれば実直そうなおじさんもいる。皆さん、指示に頓着なく、何人かずつつれだってプラリプラリと歩いてくる。吊橋に入るやいなや、いっせいに声があがった。

「ウッヒャー、こりゃあスゴイ!」

言葉はわからないが、たぶん、そんな意味だろう。

やにわに背中をドンとたたかれた。ふだんならともかく、大吊橋の上であって、心臓がちぢみ上がった。振り返ると見知らぬ顔が目をみはっている。つづいて韓国語でひとこと。

「おっと失礼」

人ちがいを異国語で謝られた。吹き上げてくる風で名入りのリボンが踊るようにゆれている。すぐにお仲間が見つかってなによりだが、こちらはしばらく心臓の鼓動が収まらない。早々に橋を渡って二キロあまりの「観察コース」に入って行った。

そもそものはじまりは今西錦司を隊長とした京都大学山岳部のマナスル（八一六三メートル）偵察山行だった。昭和二十七年（一九五二）のこと。偵察メンバーの一人だった若手の研究者中尾佐助は、カトマンズで近郊の山々をながめていて、その南斜面にひろがる森が中国南部、朝鮮半島の南部、さらに西日本のあちこちで見かけた景観とよく似ているのに気がついた。

常緑のカシを中心にして、クスノキ、ツバキなどの樹木に覆われている。広葉樹のうち葉が厚ぼったく、表面がツヤをおびているところから「照葉樹」とよばれる植生である。自然環境、また生態系が似ているとすると、そこに住む人々とのあいだにも、ひろく生活や文化にわたって共通するところがあるのではなかろうか。

中尾佐助は翌年、同じマナスル登山隊の偵察隊としてヒマラヤ一帯をくわしく踏査した。

昭和三十三年（一九五八）には、ながらく鎖国状態だったブータン王国に初めて入国を許され、半年にわたってくまなく歩いた。さらにパキスタン、シッキム、東ネパールの学術調査をして、仮説を入念にあとづけた。

「照葉樹林文化論」は今日、学界において定着しており、教科書にものっている。戦後に日本人が発表した学説のなかで、とびきり独創的で、雄大な視野をもち、さまざまな分野に広範な影響を及ぼした。

たしかに食べ物ひとつをとっても、東アジアから日本列島の温暖地につらなる照葉樹林帯には、いろいろ共通したものがある。豆を発酵させたナットウやミソ、ショーユの調味料、穀類のデンプンを麹《こうじ》にしてつくる酒、魚を自然発酵させるナレズシ、水さらしでアク抜きをするクズ、ワラビ、コンニャク、サトイモやヤマイモなどイモ類の常食。キネでつくモチ、祝いごとに赤飯をたいて甘酒をふるまう習わしまで、ほぼ同じ。

とすると大吊橋の上でわが背中をドンとたたき、心胆を寒からしめた韓国人は、まんざら人ちがいをしたともいえないのだ。

伐採反対を言うだけでは人を説得できない。大森岳の東南稜が自然条件の悪さから最後まで残されたとすると、逆にそれをとっておきの「資源」として生かせないか。

郷田町長のかたわらに上野登という学者がいた。宮崎大学教授、経済史家として日向林業史の研究から山にめざめ、山林所有と地元利用の基礎的論理をテーマにしていた。拡大造林計画がもち上がるたびに、入念な現地調査をしてデータをこまかく分析、さまざまな局面に及ぶ「経済性」を公表した。その上で反対運動の協議会もつくり、ねばり強く交渉した。必要とあれば国会議員の力を借りた。学者にして実践家は、スローガンや主張だけではコトが進まないことをよく知っていた。

昭和五十九年（一九八四）、照葉大吊橋が完成。これが保存派の大きな武器になった。実際に大景観を目にした人々は、もはや税収にかえることを許さない。翌年、綾町当局は照葉樹林保護を町政の柱とする「照葉樹林都市」を宣言。吊橋というハードと、都市宣言というソフトを組み合わせたわけだ。行政家と学者が力を合わせ、綾の天地を文化の証《あかし》としてひろく世に知らしめた。

遊歩道に入ると、とたんに人影がなくなった。

照葉樹林のたたずまい

「雨降り、雨上がりはヤマヒルに注意」

綾の森には約八〇〇種の高等植物が記録され、とくに照葉樹林を代表する常緑のブナ科樹木一三種のほぼすべてが分布している。おのずとヤマヒルはもとより、野生の生き物が数多く生息していて、とびきり多様な生態系をつくっている。

イスノキ、幹周二七〇センチ。スダジイ、一七〇センチ。イチイガシ、三三五センチ。タブノキ、四〇〇センチ。センダン、二〇〇センチ……。遊歩道の見張り役のように高木が天にのびている。渓流にかかる橋脚が石積みなのは、トロッコ軌道の名残《なごり》であって、もし町長の反対がなければトロッコ軌道が稼動し、見張り役は、くまなく伐り倒されていただろう。

上から眺めたぶんにはモコリモコリの丸みをもった葉波の曲線だが、まぢかに見ると幹は岩を抱き、根は急斜面にしがみついている。大森岳そのものが巨大な岩塊であって、綾の照葉樹林は岩石の上のわずかな表土といった、おそろしく劣悪な環境のなかに形成された。その劣悪さが営林署に敬遠されて、皮肉にも「拡大造林」を寄せつけなかった。

「カモシカの南限生息地」

姿を見せることは少ないが、かなりの数で生息している。ニホンザル、イノシシはむろんのこと。クマタカをはじめ、野鳥の宝庫でもある。

綾南川が九〇度の角度で湾曲していて、もうひとつの橋が「かじか吊橋」。名入りリボンの方々がここまで足を運ぶことはまずもってないので、背中をドンの心配なく佇んでいられる。

南面がかなりの傾斜でせり上がり、そこにタブノキ、イスノキ、スダジイ、いずれも天を突く巨木が競うようにのびている。しも手の川瀬を「テゼ」と言ったのは、遠い昔の命名で、このような険しいところにも獣や薬草を求めて人が入っていたしるし。

目が慣れてくるとともに地から湧《わ》くような生気と、言い知れぬ美しさに気がつく。今ではたいてい「鎮守の杜」として神さまに守られ、小さな点としてしか残されていないが、かつては昼なお暗いうっそうとした森が西日本の山野を覆っていた。下草としてテンナンショウやエビネランがびっしりと生え、迷いこむとなかなか出られない。泉鏡花の『高野《こうや》聖《ひじり》』には、そんな森に迷いこんだ若い僧の異様な体験がつづられているが、それは幻想作家のイマジネーション以上に照葉樹林の孕《はら》んでいた森の生理と言えるのだ。

宮崎県には綾の森のほかにも照葉樹林帯が点々と残っている。パッチ状に点在したものをパッチワークのようにつないで、県都を取り巻く森の回廊（コリドール）をつくることはできないか。照葉樹林の保存だけでなく、そこに生活と文化の拠点を育てていく。

綾町からの帰りに宮崎市中の書店をのぞいたら、上野登著『再生・照葉樹林回廊』という本が目にとまった。地元の出版社の刊行で、「森と人の共生の時代を先どる」とサブタイトルがついている。よく見るとタイトルのわきに「てるはコリドール」と小さく添えてあった。三五〇ページをこえる実践の記録は、「その日を、私たちは夢みています」の一行で閉じられていた。

表紙には回廊をなぞった絵地図に一輪のツバキの花がのせてあった。ヤブツバキ、別名ヤマツバキ。照葉樹林の高木の一つで、開花のころは枝葉が盛り上がり、天然のドームに無数の赤い灯がともったように見える。かつてはこれから食用の油をとった。それはまた髪油として使われ、女性の白いうなじにつつましく寄りそっていた。

# 第十五章　やんばるの森（沖縄県北部）

　沖縄本島は名護市の北東部で急に細まり、くびれたようになっている。一方は塩屋湾が尖った刃物のように入りこみ、他方は平良《たいら》湾が槌を打ちこんだように押し入ってくる。両者を国道331号が最短距離で結んでいる。塩屋・平良のイニシアルからS－Tラインとよばれ、これを境にして、リボンでくくられた花束のように「やんばるの森」がひろがっている。

　一つの県の中枢にあたる島にあって、南と北がこれほど大きく景観を変えるケースも珍しい。名護市に至るまでの南は、那覇に始まり浦添、宜野湾《ぎのわん》、普天間《ふてんま》、嘉手納《かでな》と、西海岸沿いに家並みがとぎれることなくつづいている。切れ目があるところはいかめしい鉄条網が張りめぐらされ、「関係者以外、立ち入り禁止」の標識が見える。

東海岸の金武《きん》町にきてやっと眺望がひらけたと思うまもなく家並みが帯状にたてこんでくる。やむをえないのだ。平地と背後の高台を広大なアメリカ軍基地が占めている。数字上は町の面積の六割となっているが、細々と切れ目のない町並みの感じでは、九割がたが軍用地に思えてくる。高速道路はその先でひとうねりして、名護市に届いたところでプッリと切れる。

S－Tラインの北は、モコモコした山が中央部を数珠つなぎにつないでいる。伊湯《いゆ》岳、与那覇岳、照首山、伊部岳、西銘岳。標高は三〇〇から五〇〇メートル程度だが、かさなり合った山並みの上に峰が突き出ていて、いかにも山が深い。うっかり林道に入りこむと方角がわからなくなり、三日かかっても出られない――。

脅かされていたので用心して、つねに海ぎわの国道にもどってくることにした。集落はたいてい三方を山に囲まれ、まん中を川が流れている。戦後のある時期、わずかな平地を見つけて開拓者が入り、やがて見切りをつけて去っていったと思われるところもある。行きどまりにくるたびに山のたたずまいをデジカメに写していった。あとでゆっくり見ていくと、かつての集落の背後が中腹辺りまで段々畑だったらしいことがわかる。樹木を伐り払い、その場で焼いて開墾する。さつまいもを植え、地力が衰えると休ませて、順ぐりに上へうつっていったのだろう。

人が去り放置されたところは、やんばるの森の主役であるイタジイやタブノキではなく、リュウキュウマツが生えている。立地条件の悪いところに、いち早く侵入してくる「代償植生」であるからだ。

漢字では「山原」、すなわち「やんばる」である。山々がつらなり、森がひろがる地域の意味で、沖縄本島北部を言うときに使われる。地球の亜熱帯エリアは世界地図をひろげるとわかるが、サハラ砂漠など、おおかたが荒涼とした地帯である。数少ない例外がやんばるの森。あまり言われないことだが、特筆していいのではあるまいか。

ここには日本国内でも最大級のひろがりをもつ照葉樹林があって、ただここにしかいない珍しい生き物たちを守ってきた。ヤンバルクイナ、ノグチゲラ、ヤンバルテナガコガネ、リュウキュウヤマガメ、ホントウアカヒゲ、リュウキュウコノハズク、ナミエガエル……。その多くが国指定天然記念物リストに入っている。

へっぴり腰で峰を見上げ、すぐに国道にとって返す訪問者は、とても彼らと現場で対面などできっこない。幸いにも国頭村《くにがみそん》の西海岸に近いところに「環境省やんばる野生生物保護センター」がある。名前から野生生物が保護されている施設と思いこんで赴いたが早合点だった。実物ではなく情報センターであって、写真のヤンバルクイナや大型スクリーンでノグチゲラと対面した。

昭和五十六年（一九八一）、ヤンバルクイナが新種として発表されたとき、誰もが目を丸くした。クイナの一種だが飛ぶことができず、昼間は地上を歩きまわって餌《えさ》をあさり、夜は木に駆けのぼる。飛べないのは飛ぶ必要がなく、そのため翼が退化したわけだ。このクイナには天敵がいなかった。となると生き物はラクをしたがり、羽ばたいて地上を離れるまでもない。豊かなやんばるの森がはぐくんだ珍種である。

ノグチゲラは山地の常緑広葉樹林、それも特定の地域にだけ生息する非常に珍しいキツツキで、やんばるでは昔から鳴き声をあてて「キータタチャー」とか「キーチチチャー」とよばれていた。体は全体に土色だが、日の光をあびると下腹部の赤い羽毛がキラリと光る。

撮影には気が遠くなるほどの忍耐力がいったと思うが、椅子にすわってスクリーンをながめているぶんには、いかなる忍耐も必要としない。木の幹に巣穴をつくるのはアカゲラと同じだが、林床にまぎれこみ、土掘りをして餌をとる。アカゲラの仲間で地上で餌をとるのはノグチゲラのみ。

こちらもまた天敵がいないので、安心して地上を餌場にしてきた。土色だと土掘りしているあいだ、空から狙われてもめだたない。やんばるの自然環境のなかで、独自の進化をして巧みに保護色を身につけた。

奄美から沖縄にかけての島々は大陸から分離して一〇〇万年以上たっていると考えられ、他の地域では絶滅してしまった生き物がやんばるに特有の生態系をつくってきた。鳥であっても飛ばず、あるいは土掘りが上手だったり、ヤンバルテナガコガネはテナガザルのように長い脚をもっている。独自の進化をとげて安楽に暮らしてきた。

いまその楽園に異変が起きている。やんばるにはもともと肉食獣がいなかった。そのため鳥もまた安心して地上にいられた。明治四十三年（一九一〇）、十数頭のマングースが那覇市近郊の野に放たれた。ハブ対策としてであって、猛毒をもつハブに咬まれ、年々何人かの死者が出る。人間の手で退治できないのであれば、ハブの天敵をつくればいい。

正確にはジャワマングースといって、西アジアから東南アジアにかけてひろく分布しており、肉食獣であれば昆虫やトカゲなどを食べる。となるとハブもきっと食べるだろう――。とんだ早トチリだった。マングースがハブを好むという習性はなく、そもそも昼間に活動する動物であって、夜行性のハブとは出会う可能性がほとんどないのだ。

マングースにとっては、またとない楽園を見つけたわけだ。目の前を鳥や、ほ乳類がのんびりと歩いている。ご馳走《ちそう》が向こうからやってくる。十数頭がみるみる繁殖して、二〇〇三年の調査によると、総数三万頭と推定されている。おのずと生息地が那覇市郊外から中南部へ高密度にひろがり、ついで北部やんばるの森に侵入してきた。マングースの増加につれてヤンバルクイナやノグチゲラが急速に姿を消していく。

「これまでのマングース対策」

環境省那覇自然環境事務所発行のパンフレットが捕獲したマングースの数を表で示していた。

| | |
|---|---|
| 2000年度 | 373頭 |
| 2001年度 | 399頭 |

2002年度　2180頭
2003年度　2110頭
2004年度　1258頭
2005年度　956頭
2006年度　909頭

ひところ飛躍的に捕獲数がふえたのは、研究の結果、新しい捕獲法が功を奏したからだろう。しかし相手もまた学習する。ふたたびガクンと低下した。捕獲と並行し、S-Tラインにマングースの北上を防止するための柵《さく》が設置された。気の好い地上の散歩者のヤンバルクイナやノグチゲラを守るために、パイプと金網の境界を設けたわけだが、パンフレットが残酷な事実を告げている。

「残念ながら今のところ分布域の拡大は抑えられていません」

人間の愚行はもう一つある。飼いネコを森に捨てるヤカラがいるのだ。ネコは小さなトラであって、ノネコは容赦なく目の前のご馳走にとびかかる。

環境省やんばる野生生物保護センターは私のような早合点組があとをたたないので、一般に公募して「ウフギー自然館」の愛称をつけた。ウフギーは当地の言葉で「大木」の意味。たしかにやんばるの森には土地霊のようなイタジイの古木が雄大に枝葉をのばしている。春の開花期は森全体に甘い香りがただようそうだ。幹は鳥たちの巣になるし、秋にはシイの実を降らせて森の住人をよろこばせる。

本島北端の辺戸《へど》岬には、車とオートバイが広大な駐車場を埋めていた。人間はなぜか先端をめざしたがり、行き着くと、単に物体が乗り物で移動しただけだというのに何ごとかをなした気がして、へんに尊大になる。キーをチャラチャラさせながら休憩所に向かうとき、たいていの人が外また、肩ひじ張って歩いていく。

まっ黒なつなぎの革服グループの話を洩《も》れ聞いたところ、話題の九割までがラーメンの味と道路事情だった。オートバイ愛好者は若者とばかり思っていたが、少なくとも沖縄の北の岬で出くわしたのは、演歌「襟裳岬《えりもみさき》」がカラオケのおはこのような中高年なのに驚いた。みなさん、映画「イージー・ライダー」のイメージで、長い革靴のまま短い脚をテーブルにのっけていらっしゃる。

奥川、伊江《いえ》川、楚洲《そす》川……。川に出くわすたびに山並みを見上げながら東海岸を南下し

北端の辺土岬より森を望む

た。安田《あだ》の集落は伊部岳の南東にあって、高台に上がると羊の毛のように盛り上がったイタジイの群生が見はるかせた。集落では年に一度、枝や葉を身につけ、太鼓をトントンたたき、独特の声調で掛け声をかけながら山の神へお参りをする。

工事現場に行き合うとまわりの切り土を観察していたのだが、地表はいたって薄いのだ。黒っぽい腐蝕土《ふしょくど》がペラペラの敷き物のように覆っているだけで、すぐに瘦《や》せた赤土になる。腐蝕土がたまるより早く雨が流し去り、台風が巻き上げていくせいだ。それでも草木が旺盛に育つのは、南方の太陽と豊富な水に恵まれているからである。

やんばるの森の盟主にあたるのが与那覇岳（五〇三メートル）で、その山並みをつつみこむ一帯が「与那覇岳天然保護区域」に指定されている。実を言うと、どうもよくわからない。「特別保護区」「鳥獣保護区」「天然保護区域」といったのがやたらにある。ときには同じ地域に二つ、三つとかさなっていたりする。Aによれば全域が禁伐で植物採取も禁じられているが、Bによると鳥獣の生息や繁殖に支障があるときは択伐してもかまわない。さらにCによれば指定地域は禁伐でも「指定目的に反しない程度」であれば「枯損木その他の被害木の除去」はしてもいい。二つ、三つとかさなっていると、カッコの多い数式を解くような事態に迫られる。つまるところ、名目さえ立てば何だってできると解釈できる余地もあるのではなかろうか。

ふつう手に入る沖縄の地図ではわからないが、「与那覇岳天然保護区域」の南一帯はアメリカ軍用地にあてられている。正式には「ジャングル戦闘訓練センター（北部訓練場）」といって、天然保護区域南端の伊湯岳（四四六メートル）南斜面全域から海岸の高江集落のすぐそばまで鉄条網がのびている。その高江側のゲートの前にテントが張られ、ヘリパッド基地化反対のプラカードが掲げてあった。日米地位協定で普天間飛行場を名護市辺野古の海岸に移す合意があることは知っていたが、それがやんばるの森にまで及んでくるとは、予想だにしなかった。テント詰めの人に教えられたところでは、辺野古と北部訓練場と名護市の北西・伊江島《いえじま》の基地を三角に結んで超大型垂直離着陸機〝オスプレイ〟が飛びまわるはずだという。そのためのヘリパッド一五ヵ所がジャングル戦闘訓練センターに設置される。すでに日本政府は沖縄の基地への配備を容認している。いずれ高江の集落すれすれに怪鳥のような鋼鉄の塊が飛んでくる――。

マングース捕獲数にやや安堵《あんど》したところへ、とてつもなく凶悪な天敵があらわれた。いずれ天然保護区域のすぐしも手に、巨大鳥が轟音《ごうおん》とともに舞い下りてくる。翼のないクイナや、土掘りの上手なキツツキたちは息もたえだえに身をちぢこませるのではなかろうか。

亜熱帯広葉樹林は、まさにうっそうとしている。薄暗いトンネルに入るぐあいで高温多湿、植生は下からも生い出て、上にからみつき、わきからのびて、上から垂れてくる。イタジイやタブノキのほかにニッケイ、イスノキ、センダン、ヤシノキ、ガシュマル。自然は旺盛に繁茂して、精気がみなぎっているかのようだが、人間の暴力にあってはひとたまりもない。気をつけているとリュウキュウマツが列をつくっていたり、イタジイの幼木が生え出ている。何かの開発計画で皆伐され、何かの事情で放置されたのだろう。リュウキュウマツは亜熱帯の海辺に強く、育ちは早いが、落ち葉は腐植せず、水もちが悪い。林相がまばらで陽光を入れるので、土が乾き地力を低下させる。マツが水源を壊していく。それに乾燥期のマツ林はマッチ一本でメラメラと燃え上がり、一瞬にして森を火につつみこむ。

豊かな太陽と水のおかげでやんばるの森は自然更新をたやさないだろうが、それにしても森の住人には天敵がいっぱいだ。キバをむいて徘徊するマングース、ところかまわずすっとばす車とオートバイ。天空から飛来するオスプレイ、観光開発の尖兵《せんぺい》である巨大な重機の数々——。指を折って数えていると、急に太陽が雲にかくされたときのように、ヒンヤリとしたものがやにわに背中へかぶさってきた。

S-Tラインを越えて名護市に入ると、大浦湾が三角状に入りこみ、その一辺の逆三角形として辺野古崎がとび出している。岬の根かた一帯はアメリカ軍シュワブ基地で、北からの道路は辺野古岳の南の複雑な地形を大まわりしながら基地に近づく。クネクネとした道を尻目にかけ太いアスファルト道路がのび、真一文字に山腹に突き入っている。完成ずみのトンネルには蓋がしてあって、深い谷あいに橋げた工事が進んでいた。辺野古の新飛行場は宙に浮いたごとくだが、北部訓練場と結ぶ軍用道路は、すでに着々と進行中。その方角をたしかめ、わが地図に線を引くと、放たれた矢のようにやんばるの森をめざしていた。

# あとがき

あるとき、ラジオの仕事で北海道大学名誉教授石城謙吉氏に会った。ここでは第一章に、こんなふうに紹介している。

「一九七三年四月がはじまりだった。苫小牧演習林に新しく林長が赴任してきた」以来、三〇年あまりがたっていた。少壮の学者は銀髪の品のいい紳士になっていた。陽灼けがしみ通ったようなお顔から、専門分野の性格が推察できた。

その人の口から、「都市林」という言葉を聞いた。その前から活字では知っていたが、具体的なイメージを抱いて考えてみるようになったのは、それがきっかけだった。あとから著書を読んで、先にもっと勉強しておけばよかったと大いに悔やんだ。さぞかしトンチンカンな質問をしたにちがいない。あとあとまでも思いだすたびに、身が細る思いがした。後悔をエネルギーにして、少しずつ勉強をはじめた。ちょうど「人と自然の共生」「生物多様性」といったことがしきりに言われだしたところで、国や自治体が「森林セラピーの基地」を推進している。

「出かけてみよう！　日本の森」

アウトドアの雑誌がそんな特集を組み、「セラピーロード」つきの地図を掲げたりした。「21世紀の森」というのが、実はハコモノの森であることは知っていた。霞が関のどこの部局だかがプロジェクトを立ち上げ、全国に応募をつのり、審査して「森」づくりの予算が下りた。芝生の広場と管理事務所、まわりに植樹された木々。名称に「森」がついているので、一応はそれらしく植えたのだろうが、主眼がハコモノであることは、「21世紀の森市民会館」「21世紀の森福祉センター」「21世紀の森体育館」などが「森」のおおかたを占めていることからもあきらかだった。自然志向を隠れミノに公共事業のための予算措置をしたのだろうが、完成後は管理経費が自治体にのしかかってくる。芝生も「森」もハゲハゲで、ペンペン草が生え、やたらに大きな建物は薄よごれ、壁にヒビ割れが走っている――。

工業都市苫小牧に生まれた都市林は、石城林長をはじめとする人々の創意と知恵の結晶だった。乏しい予算を何倍にも生かすには、自然と風土に対する深い知識と愛情がなくてはならない。そこから考えをひろげていくと、「都市林」という言い方はしなくとも、日本人はすでに古くから、その土地と人々が必要とする独自の森づくりをつづけてきたのではあるまいか。

実際に訪ねてまわるまでの経緯は、冒頭の「緑の日本地図」で述べている。苦心と努力のかいあって、みごとに「緑」を実現した方法が、「人と自然の共生」のプロセスであって、おのずと「生物多様性」を示している。なるたけ日本という国の北から南までのひろがりのなかで、地域に独自のケースを見つけたいと思った。それによって自然に対する日本人の姿勢といったものが浮かび出る。

十四章分を書いたとき、東北地方を中心に大地震が発生し、大津波が海岸部に襲来した。あとかたもなく消え失せた陸前高田の町並みと松原を目にやきつけ「匠の森」を書いた。

シロウトのまちがいは正さなくてはならないが、シロウトの見方は大切にしたいと思った。よく見て、人の話をよく聞いて、それから書いた。本文に引用した本のほかに、おりにつけ自分の足元を見つめるように開いた書物がある。とくにお世話になったのは、つぎのものである。
石城謙吉『森はよみがえる――都市林創造の試み』(講談社現代新書)
石城謙吉『森林と人間――ある都市近郊林の物語』(岩波新書)
宮部金吾・工藤祐舜著、須崎忠助画『北海道主要樹木図譜』(北海道大学出版会)
畠山重篤『日本〈汽水〉紀行――「森は海の恋人」の世界を尋ねて』(文藝春秋)
上野登『再生・照葉樹林回廊』(鉱脈社)
神山恵三『森の不思議』(岩波新書)
宇江敏勝『山びとの記――木の国 果無山脈』(新宿書房)
宇江敏勝『樹木と生きる』(新宿書房)
塚谷祐一『植物のこころ』(岩波新書)
文源庫のオンデマンド誌「遊歩人」に「人と森の物語」と題して六回つづけた。「遊歩人」が休刊になってのちは、集英社の「青春と読書」に八回書いた。「緑の日本地図」は、「kotoba」(集英社)に発表。それぞれの場を与えてくださった方々に感謝したい。
そのあと一つを省き、一つを書き足した。いずれも初出を修正、加筆した。

3・11のあと、土と水と太陽、それに植物に対する信頼をめぐって書くのは大きな救いだった。つねにアドバイスして励ましてくれた集英社新書編集部の落合勝人さん、どうもありがとう。

二〇一一年六月

池内　紀

# 緑の日本地図

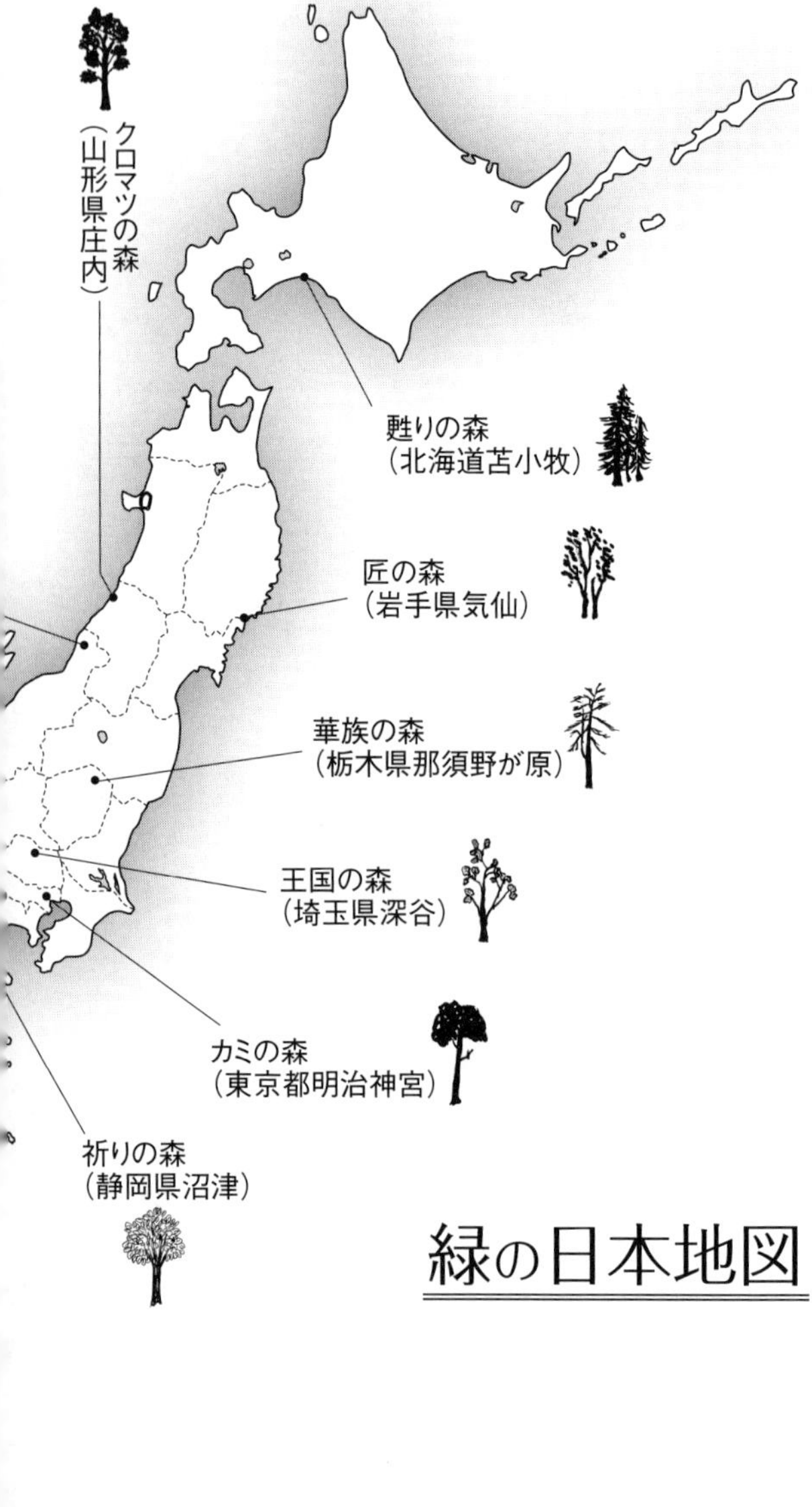
クロマツの森
（山形県庄内）
甦りの森
（北海道苫小牧）
匠の森
（岩手県気仙）
華族の森
（栃木県那須野が原）
王国の森
（埼玉県深谷）
カミの森
（東京都明治神宮）
祈りの森
（静岡県沼津）

やんばるの森
（沖縄県北部）
鮭をよぶ森
（新潟県村上）
庭先の森
（島根県広瀬）
青春の森
（長野県松本）
博物館の森
（富山県宮崎）
銅の森
（愛媛県新居浜）
クマグスの森
（和歌山県田辺）
綾の森
（宮崎県綾町）


カット　池内 紀

**池内 紀**（いけうち おさむ）

一九四〇年兵庫県姫路市生まれ。ドイツ文学者、エッセイスト。著書に『諷刺の文学』（亀井勝一郎賞）、『海山のあいだ』（講談社エッセイ賞）、『ゲーテさん こんばんは』（桑原武夫学芸賞）、『祭りの季節』、『作家のへその緒』、『池内紀の仕事場』（全八巻）など。訳書にゲーテ『ファウスト』（毎日出版文化賞）、『カフカ小説全集』（日本翻訳文化賞）、G・グラス『ブリキの太鼓』など。山と温泉が大好きで旅のエッセイも多い。

集英社新書〇五九九D

# 人《ひと》と森《もり》の物《もの》語《がたり》

二〇一一年七月二〇日 第一刷発行

著者……池内《いけうち》 紀《おさむ》

発行者……館 孝太郎

発行所……株式会社集英社

東京都千代田区一ツ橋二-五-一〇 郵便番号一〇一-八〇五〇

電話 〇三-三二三〇-六三九一（編集部）
〇三-三二三〇-六三九三（販売部）
〇三-三二三〇-六〇八〇（読者係）

装幀……原 研哉

印刷所……大日本印刷株式会社 凸版印刷株式会社

製本所……加藤製本株式会社

定価はカバーに表示してあります。



ISBN 978-4-08-720599-2 C0226

Printed in Japan

集英社新書　好評既刊

## 歴史・地理——D

- 「日出づる処の天子」は謀略か　黒岩重吾
- 日本人の魂の原郷 沖縄久高島　比嘉康雄
- 沖縄の旅・アブチラガマと轟《とどろき》の壕　石原昌家
- アメリカのユダヤ人迫害史　佐藤唯行
- 怪傑！ 大久保彦左衛門　百瀬明治
- 伊予小松藩会所日記　増川宏一
- ナポレオンを創った女たち　安達正勝
- 富士山宝永大爆発　永原慶二
- お産の歴史　杉立義一
- 中国の花物語　飯倉照平
- 寺田寅彦は忘れた頃にやって来る　松本　哉
- 中欧・墓標をめぐる旅　平田達治
- 妖怪と怨霊の日本史　田中　聡
- 陰陽師　荒俣　宏
- 江戸の色ごと仕置帳　丹野　顯
- 花をたずねて吉野山　鳥越皓之
- ヒロシマ——壁に残された伝言　井上恭介
- 幽霊《ゴースト》のいる英国史　石原孝哉
- 悪魔の発明と大衆操作　原　克
- 戦時下日本のドイツ人たち　上田浩二／荒井　訓
- 英仏百年戦争　佐藤賢一
- 死刑執行人サンソン　安達正勝
- 信長と十字架　立花京子
- 戦国の山城《やまじろ》をゆく　安部龍太郎
- パレスチナ紛争史　横田勇人
- ヒエログリフを愉しむ　近藤二郎
- ローマの泉の物語　竹山博英
- 女性天皇　瀧浪貞子
- 僕の叔父さん 網野善彦　中沢新一
- 太平洋——開かれた海の歴史　増田義郎
- アマゾン河の食物誌　醍醐麻沙夫
- フランス反骨変人列伝　安達正勝
- ハンセン病 重監房の記録　宮坂道夫

a pilot of wisdom

| | |
|---|---|
| 幕臣たちと技術立国 | 佐々木 譲 |
| 武田信玄の古戦場をゆく | 安部龍太郎 |
| 勘定奉行 荻原重秀の生涯 | 村井 淳志 |
| 江戸の妖怪事件簿 | 田中 聡 |
| 紳士の国のインテリジェンス | 川成 洋 |
| 沖縄を撃つ! | 花村 萬月 |
| 反米大陸 | 伊藤 千尋 |
| ハプスブルク帝国の情報メディア革命 | 菊池 良生 |
| 大名屋敷の謎 | 安藤優一郎 |
| イタリア貴族養成講座 | 彌勒 忠史 |
| 陸海軍戦史に学ぶ 負ける組織と日本人 | 藤井非三四 |
| 在日一世の記憶 | 小熊英二 姜 尚中 編 |
| 徳川家康の詰め将棋 大坂城包囲網 | 安部龍太郎 |
| 「三国志」漢詩紀行 | 八木 章好 |
| 名士の系譜 日本養子伝 | 新井 えり |
| 知っておきたいアメリカ意外史 | 杉田 米行 |
| 長崎グラバー邸 父子二代 | 山口 由美 |
| 江戸・東京 下町の歳時記 | 荒井 修 |
| 警察の誕生 | 菊池 良生 |
| 愛と欲望のフランス王列伝 | 八幡 和郎 |
| 日本人の坐り方 | 矢田部英正 |
| 江戸っ子の意地 | 安藤優一郎 |
| 長崎 唐人屋敷の謎 | 横山 宏章 |